绿色水产养殖典型技术模式丛书

盐碱水

绿色养殖技术模式

YANJIANSHUI

LÜSE YANGZHI JISHU MOSHI

全国水产技术推广总站 ◎ 组编

中国农业出版社
北 京

丛书编委会

本书编写人员

主　编： 胡红浪　来琦芳　么宗利

副主编： 周　凯　高鹏程　李明爽

参　编（按姓氏笔画排序）：

马国臣　王志忠　王建波　王晓奕　王紫阳
史建全　付廷斌　朱永安　刘双海　刘建朝
祁洪芳　苏文清　李　力　李　斌　李　璐
李中科　张振东　罗　亮　赵志刚　耿龙武
徐　伟　高振红　高浩渊　黄军红

D I T O R I A L B O A R D

丛书序

Preface

■■■

绿色发展是发展观的一场深刻革命。以习近平同志为核心的党中央提出创新、协调、绿色、开放、共享的新发展理念，党的十九大和十九届五中全会将贯彻新发展理念作为经济社会发展的指导方针，明确要求推动绿色发展，促进人与自然和谐共生。

进入新发展阶段，我国已开启全面建设社会主义现代化国家新征程，贯彻新发展理念、推进农业绿色发展，是全面推进乡村振兴、加快农业农村现代化，实现农业高质高效、农村宜居宜业、农民富裕富足奋斗目标的重要基础和必由之路，是“三农”工作义不容辞的责任和使命。

渔业是我国农业的重要组成部分，在实施乡村振兴战略和农业农村现代化进程中扮演着重要角色。2020年我国水产品总产量6 549万吨，其中水产养殖产量5 224万吨，占到我国水产总产量的近80%，占到世界水产养殖总产量的60%以上，成为保障我国水产品供给和满足人民营养健康需求的主要力量，同时也在促进乡村产业发展、增加农渔民收入、改善水域生态环境等方面发挥着重要作用。

2019年，经国务院同意，农业农村部等十部委印发《关于加快推进水产养殖业绿色发展的若干意见》，对水产养殖绿色发展作出部署安排。2020年，农业农村部部署开展水产绿色健康养殖“五大行动”，重点针对制约水产养殖业绿色发展的关键环节和问题，组织实施生态健康养殖技术模式推广、养殖尾水治理、水产养殖用药减量、配合饲料替代幼杂鱼、水产种业质量提升等重点行动，助推水产养殖业绿色发展。

为贯彻中央战略部署和有关文件要求，全国水产技术推广总站组织各地水产技术推广机构、科研院所、高等院校、养殖生产主体及有关专家，总结提炼了一批技术成熟、效果显著、符合绿色发展要求的水产养殖技术模式，编撰形成“绿色水产养殖典型技术模式丛书”（简称“丛书”）。“丛书”内容力求顺应形势和产业发展需要，具有较强的针对性和实用性。“丛书”在编写上注重理论与实践结合、技术与案例并举，以深入浅出、通俗易懂、图文并茂的方式系统介绍各种养殖技术模式，同时将丰富的图片、文档、视频、音频等融合到书中，读者可通过手机扫描二维码观看视频，轻松学技术、长知识。

“丛书”可以作为水产养殖业者的学习和技术指导手册，也可作为水产技术推广人员、科研教学人员、管理人员和水产专业学生的参考用书。

希望这套“丛书”的出版发行和普及应用，能为推进我国水产养殖业转型升级和绿色高质量发展、助力农业农村现代化和乡村振兴作出积极贡献。

丛书编委会

2021年6月

前言

Foreword

■■■

近年来，我国水产养殖业的发展取得了显著成绩，为保障优质蛋白供给、降低天然水域水生生物资源利用强度、促进渔业产业兴旺和渔民生活富裕作出了突出贡献，但也不同程度存在养殖布局和产业结构不合理、局部地区养殖密度过高等问题。随着淡水和近海渔业环境和资源压力增大，盐碱水将成为拓展渔业发展空间的重要水域。

2019年，农业农村部等十部委联合印发的《关于加快推进水产养殖业绿色发展的若干意见》明确指出，要加强盐碱水域资源开发利用，积极发展盐碱水养殖，拓展渔业发展新空间。为加快推进水产养殖业绿色发展，促进产业转型升级，农业农村部决定从2020年起实施水产绿色健康养殖“五大行动”。盐碱水绿色养殖技术模式作为九大模式之一被列入《2020年生态健康养殖模式推广行动方案》。

我国盐碱水资源分布广泛，遍及19个省、直辖市和自治区。发展盐碱水养殖，在水质优化与环境质量控制、品种研发与良种培育、生态养殖与技术规范、综合利用与生态修复方面进行科学创新和示范推广，解决盐碱水开发利用率低、渔业开发关键技术覆盖不全面、渔业开发生态修复功能不凸显等盐碱水渔业发展中的瓶颈，不仅为开发利用盐碱水资源、缓解用水矛盾提供了新思路，而且可以改善盐碱区域生态环境、有效解决影响盐碱地治理长效性的洗盐排碱水出路问题，对促进我国生态文明建设、解决偏远地区“三农”问题、保障粮食生产安全具有重要的战略意义，对渔业新空间拓展、产业区域战略转移、淡水资源节约利用及盐碱环境生态修复具有重要的现实意义。本书包括四个章节：盐碱水土概况及特征、盐碱水养殖技术和模式发展现状、盐碱水养殖技术和模式以及养殖实例或生产经营案例。

当前农业科技发展日新月异，现代水产养殖技术模式升级迭代加快，对绿色、先进、实用关键技术集成熟化也是一个不断完善、不断深化的过程。由于编者水平和资料有限，书中不当之处敬请批评指正。

编　者

2021 年 11 月

目　录
Contents

丛书序

前言

第一章　盐碱水土概况及特征　/ 1

第一节　我国盐碱水土概况 / 1

一、盐碱土概况 / 1

二、盐碱水概况 / 3

第二节　盐碱水质类型 / 4

第三节　盐碱水养殖水质特点与成因 / 5

第四节　盐碱水绿色养殖技术特点 / 5

第五节　盐碱水养殖生态功能 / 6

第二章　盐碱水养殖技术和模式发展现状　/ 8

第一节　国内盐碱水养殖的主要特点 / 8

一、盐碱渔业产业化发展规模 / 8

二、适宜盐碱水养殖对象 / 8

三、盐碱水质改良调控 / 9

四、盐碱地健康养殖技术 / 9

五、盐碱渔业区域生态治理潜力 / 10

第二节　国外盐碱水养殖的主要特点 / 10

一、世界盐碱渔业发展概况 / 10

二、养殖对象 / 11

三、综合利用与生态修复 / 11
四、试验推广情况 / 12

第三章　盐碱水养殖技术和模式 / 13

第一节　水质改良与调控 / 13
一、物理法 / 13
二、化学法 / 13
三、生物法 / 14
四、pH复合调控法 / 14
第二节　适宜养殖对象筛选及驯养技术 / 15
一、盐碱地池塘养殖对象 / 15
二、盐碱水苗种筛选和驯养技术 / 15
第三节　特有有害藻类及防控 / 16
一、双星藻类 / 16
二、水网藻 / 16
三、蓝藻水华 / 17
四、甲藻类 / 17
五、小三毛金藻 / 18
第四节　基于区域条件和水质类型的养殖模式 / 18
一、盐碱池塘标准化养殖技术体系 / 18
二、不同区域的盐碱池塘养殖模式 / 19
三、“挖塘降盐”渔业生态修复新途径 / 21
第五节　洗盐排碱水凡纳滨对虾养殖技术规范 / 23
一、凡纳滨对虾生物学特点 / 23
二、盐碱地水产养殖水质要求 / 23
三、养成技术 / 24

第四章　养殖实例或生产经营案例 / 31

第一节　西北地区——宁夏盐碱池塘大宗淡水鱼类养殖 / 31
一、盐碱池塘鲤高效养殖模式 / 31
二、盐碱池塘草鱼高效养殖模式 / 33
三、盐碱池塘鲫高效养殖模式 / 35

第二节　西北地区——宁夏棚塘接力盐碱水凡纳滨对虾养殖 / 37
一、背景情况 / 37
二、实施地概况 / 38
三、养殖实例 / 39
四、经济效益 / 42
五、生态效益 / 43
六、社会效益 / 43
第三节　西北地区——甘肃盐碱回归水流水养殖 / 44
一、养殖场选址 / 44
二、养殖场建设 / 45
三、鱼苗孵化 / 46
四、成鱼养殖 / 46
五、养殖结果 / 47
第四节　西北地区——甘肃次生盐碱地台田-池塘渔农综合利用 / 47
一、台田-池塘渔农综合利用模式 / 47
二、典型案例 / 49
第五节　华北地区——河北唐山盐碱池塘凡纳滨对虾养殖 / 51
一、实例背景 / 51
二、养殖实例 / 52
三、经济效益 / 54
四、生态效益 / 55
五、社会效益 / 55
第六节　华北地区——河北唐山盐碱水大棚凡纳滨对虾养殖 / 55
一、实例背景 / 55
二、实施地概况 / 56
三、养殖实例 / 56
四、经济效益 / 57
五、生态效益 / 58
六、社会效益 / 58
第七节　华北地区——河北唐山盐碱水大水面草鱼套养凡纳滨对虾生态养殖 / 59
一、实例背景 / 59

二、实施地概况 / 59
三、养殖实例 / 59
四、经济效益 / 61
五、生态效益 / 62
六、社会效益 / 62
第八节 华北地区——河北唐山盐碱地稻田-池塘渔农综合利用 / 63
一、实例背景 / 63
二、实施地概况 / 63
三、养殖实例 / 64
四、经济效益 / 69
五、社会效益 / 70
第九节 华北地区——河北沧州盐碱池塘罗非鱼养殖 / 71
一、实例背景 / 71
二、实施地概况 / 71
三、养殖实例 / 71
四、经济效益 / 73
五、生态效益 / 75
六、社会效益 / 75
第十节 华东地区——山东盐碱水中华绒螯蟹养殖 / 75
一、实例背景 / 75
二、实施地概况 / 76
三、养殖实例 / 77
四、经济效益 / 79
五、生态效益 / 80
六、社会效益 / 81
第十一节 华东地区——盐碱池塘标准化鲫养殖 / 81
一、实例背景 / 81
二、实施地概况 / 82
三、养殖实例 / 82
四、经济效益 / 85
五、生态效益 / 86
六、社会效益 / 86

第十二节　东北地区——耐盐碱鱼类大鳞鲃池塘养殖 / 87
一、大鳞鲃的养殖生物学 / 87
二、鱼苗培育 / 88
三、鱼种培育 / 89
四、池塘越冬管理 / 90
五、哈尔滨地区大鳞鲃养殖案例 / 91
六、经济、社会和生态效益 / 91
第十三节　东北地区——盐碱地池塘-牧草渔农综合利用 / 92
一、实例背景 / 92
二、养殖实例 / 93
三、经济、生态和社会效益 / 98
第十四节　东北地区——盐碱泡沼增养殖 / 99
一、盐碱泡沼的特点 / 99
二、水体碱度对鱼类的影响 / 100
三、盐碱泡沼的增养殖对象 / 100
四、盐碱泡沼增养殖模式 / 100
五、盐碱泡沼水产养殖的几点注意事项 / 101
六、大庆市连环湖渔业实例 / 101
第十五节　盐碱水域增殖修复 / 103
一、青海湖概况 / 103
二、青海湖裸鲤增殖放流的意义 / 103
三、恢复青海湖鱼类资源的可能性和手段 / 104
四、青海湖裸鲤人工增殖放流实施情况 / 104
五、综合效益 / 107

附录　盐碱地水产养殖用水水质（SC/T 9406—2012） / 108

参考文献 / 109

第一章 盐碱水土概况及特征

第一节 我国盐碱水土概况

一、盐碱土概况

盐碱地是一种世界性的低产土壤，甚至是不毛之地，但是在很多情况下又兼具地势平坦和灌溉之便，因而自古以来为世人所瞩目。盐碱土是地球上广泛分布的一种土壤类型，遍及除南极洲以外的六大洲，根据联合国教科文组织（UNESCO）提供的数据，全世界 100 多个国家和地区有 9.55 亿公顷盐碱土，占地球陆地面积的 7.26%。我国是盐碱地资源大国，仅位列于澳大利亚和俄罗斯之后，居世界第三位，盐碱地面积约为9 913万公顷，其中现代盐碱土面积为3 693万公顷，残余盐碱土约4 487万公顷，并且尚有约1 733万公顷的潜在盐碱土，广泛分布于辽宁、吉林、黑龙江、河北、山东、河南、山西、新疆、陕西、甘肃、宁夏、青海、江苏、浙江、天津、福建、上海、内蒙古及西藏等 19 个省份。

根据农业部组织的第二次全国土壤普查（1993），我国从太平洋沿岸的东海之滨至西部的塔里木盆地、准噶尔盆地，从海南岛到内蒙古呼伦贝尔高原，从海拔－154.31 米的艾丁湖畔到海拔4 500米的西藏羌塘高原，都有盐碱土分布。由于盐碱土分布地区生物气候等环境因素的差异，各地盐碱土面积、盐化程度和盐分组成有明显不同，大致可分为下列几种类型。

（一）东部滨海地区盐土与滩涂

我国大陆有18 000多千米的海岸线，在 15 米等深线内的浅海与滩涂约有 2.1 亿亩*。长江口以北的江苏、山东、河北、辽宁诸省滨海盐

---

* 亩为非法定计量单位，1 亩＝1/15 公顷，下同。——编者注

土面积达1 500万亩，滩涂面积则难以估计。据江苏省有关资料报道，该省有滩涂980万亩，且河口还在不断地向浅海推进。仅十几年来，黄河河口年平均推进2.77千米，年平均造陆面积为46.33千米^2，即年增6.95万亩土地。滨海盐土的特征是整个土体盐分含量高，盐分组成以氯化物为主。

长江口以南浙江、福建等省份的滨海盐土面积小，分布零星，但也有逐年增加的趋势。这些滨海盐土地处热带、亚热带，年降水量大，土壤的淋洗作用强烈，滩地受海潮浸渍而形成滨海盐土，通过雨水淋盐逐渐淡化为盐碱化土壤，盐分组成以氯化物为主。

（二）华北地区黄淮海平原盐碱土

根据20世纪80年代初期的遥感卫星资料的测算，黄淮海平原大概有各种盐碱土2 000多万亩。这里的盐碱土多呈斑块状插花分布在耕地中。盐分的表聚性强，仅在地表形成1～2厘米厚的盐结皮，含盐量在1%以上，结皮以下上层盐分含量很快下降到0.1%左右。

（三）东北平原地区盐碱土

以松嫩平原为最多，据辽宁、吉林、黑龙江三省统计，共有盐土和碱土4 795.5万亩，其中有将近44%的面积即约2 100万亩已被开垦利用。松嫩平原的盐碱土大多属苏打碱化型，土体总含盐量不高，但含有碳酸钠、碳酸氢钠，土壤pH高，对植物的毒性大。这里的盐土、碱土有机质含量高，土壤质地黏重，保水保肥性能好，经开垦利用后，作物产量较高。

（四）西北地区内陆盐土

分布区域包括内蒙古河套灌区、宁夏银川平原、甘肃河西走廊、新疆准噶尔盆地。盐碱土连片分布，盐土面积大，有数千万亩。盐土含盐量高，积盐层厚，盐分组成复杂，有氯化物硫酸盐盐土，也有硫酸盐氯化物盐土。河西走廊的盐土有大量的石膏和硫酸镁累积，而宁夏银川平原则有大面积的龟裂碱化土。

（五）青新极端干旱的漠境盐土

包括新疆塔里木盆地、吐鲁番盆地和青海柴达木盆地，盐土总面积几千万亩，盐土呈大片分布，面积之大，世界少有，且土壤含盐量高，地表往往形成厚且硬的盐结壳，整个剖面含盐量都高。

二、盐碱水概况

盐碱水通常是盐度超过1的非海洋性咸水和碳酸盐碱度超过3毫摩/升的碱水的总称，与淡水和海水相比，具有pH高、碳酸盐碱度高、离子系数高、水质类型多等特点。

据不完全统计，我国约有6.9亿亩的盐碱水域，遍及我国19个省、自治区和直辖市，主要分布在东北、华北、西北内陆地区以及长江以北沿海地带，因其水质类型多，水化学组成复杂，既不能作为人畜饮用水，又难以用于农田灌溉及直接进行水产养殖，绝大部分盐碱地和盐碱水域长期以来处于荒置状态。

盐碱水的产生受盐碱土壤的影响，具有区域特点，具体介绍如下。

西北地区：主要指陕西、宁夏、甘肃、新疆、青海、内蒙古西部等地。根据盐碱水化学组分的天然背景含量，以硫酸盐类、氯化物类为主，包括了SC/T 9406—2012第5条款的所有盐碱养殖水质类型，即Ⅰ类、Ⅱ类、Ⅲ类，其中以Ⅱ类养殖水质居多，Ⅰ类养殖水质次之，Ⅲ类养殖水质较少。

东北地区：主要指黑龙江、吉林、辽宁、内蒙古东部等地。根据盐碱水化学组分的天然背景含量，以碳酸盐类为主，包括了SC/T 9406—2012第5条款中规定的Ⅰ类、Ⅱ类盐碱养殖水质类型，其中以Ⅰ类养殖水质居多，Ⅱ类养殖水质次之。

华北地区：主要指河北、天津、山东、山西、内蒙古中部等地。根据盐碱水化学组分的天然背景含量，以氯化物类、硫酸盐类为主，主要离子含量会有季节性变化，包括了SC/T 9406—2012第5条款中规定的所有盐碱养殖水质类型，即Ⅰ类、Ⅱ类、Ⅲ类，其中以Ⅱ类水质和Ⅰ类水质居多，特殊区域会有Ⅲ类水质。

华东地区：主要指山东、江苏靠近黄河故道和沿海地区。根据盐碱水化学组分的天然背景含量，以氯化物类为主，包括了SC/T 9406—2012第5条款中规定的所有盐碱养殖水质类型，即Ⅰ类、Ⅱ类、Ⅲ类，其中以Ⅱ类水质和Ⅰ类水质居多，特殊区域会出现Ⅲ类水质。

这些地区绝大部分处于内陆干旱、半干旱气候条件下，生态环境十分脆弱，土壤沙化、盐渍化严重，难以进行农作物种植。盐碱水土类型复杂，离子组成多变，如何治理和减缓土地的盐碱化，已成为我国乃至世界迫切需要解决的热点和难点问题。我国盐碱水现有开发利用率不足2%，绝大多数处于荒置状态，且次生盐碱水每年还以3%的速度增长；我国盐碱湖泊占湖泊总面积的55%以上，大都因为生态系统结构比较单一，生物多样性水平低，极容易受到环境及人类活动的影响。

第二节　盐碱水质类型

盐碱水根据成因可分为天然和次生两大类，其形成与地理环境、地质土壤和气候有关，水化学组成复杂，类型繁多。根据离子组成可分为碳酸盐类、硫酸盐类和氯化物类，包括了水型的Ⅰ、Ⅱ、Ⅲ三个型。我国主要的盐碱水水型有 C_{I}^{Na}、S_{II}^{Na}、S_{II}^{Mg}、Cl_{I}^{Na}、S_{I}^{Na}、S_{III}^{Mg}、Cl_{II}^{Na}、Cl_{III}^{Na}、SCl_{II}^{Na}、Cl_{III}^{Mg}、C_{II}^{Mg}等。如按照地理位置可以划分为内陆型盐碱水和滨海型盐碱水，内陆型盐碱水水质类型以碳酸盐类和硫酸盐类居多，也有氯化物类，滨海型盐碱水水质类型以氯化物类居多，同样也存在碳酸盐类和硫酸盐类。一般来讲，在矿化度低的水质中，水化学类型多为碳酸盐类，随着矿化度增大，水化学类型多为硫酸盐类或氯化物类。

盐碱水与海水同属于咸水范畴，与海水相比，主要离子比例的恒定规律不同，盐碱水主要离子比例不具恒定性。

根据阿列金水质分类法，世界各地的海水皆属于氯化物类钠组Ⅲ型，而盐碱水在中国已发现有10余种水质类型，且部分水域的离子组成随季节的转换而发生变化（表1-1）。

表1-1　我国典型盐碱水域的水质类型

水域名称	水质类型	盐度
纳木措	C_{I}^{Na}	1.72
赞宗措	C_{II}^{Na}	74.18
错尼	C_{III}^{Na}	56.73
达里诺尔	Cl_{I}^{Na}	5.55
青海湖	Cl_{II}^{Na}	13.13
北大池	Cl_{III}^{Na}	143.61
协作湖	Cl_{III}^{Mg}	52.65
布伦托海	S_{I}^{Na}	3.39
博斯腾湖	S_{II}^{Na}	1.58

（续）

水域名称	水质类型	盐度
玛尔盖茶卡	S_{III}^{Na}	32.36
赛里木湖	S_{II}^{Mg}	2.68
艾比湖	S_{III}^{Mg}	116.00

第三节　盐碱水养殖水质特点与成因

盐碱地水产养殖水域环境包括气候、底质、水质和生物等要素，这些环境要素与养殖生物之间存在着相互影响、相互制约的密切关系。各种类型的盐碱地都是在一定的自然条件下形成的，盐碱土形成的主要条件：一是干旱的气候条件，在我国西北、华北、东北地区，蒸发量远大于降水量，溶解在水中的盐分容易在土壤表层积聚；二是地理条件，地形高低对盐碱土的形成影响很大，直接影响地表水和地下水的运动，水溶性盐随水从高处向低处移动，在低洼地带积聚；三是地下水位高，排水不畅，地下水中的盐分随毛管水上升而聚集在土壤表层。不同类型的盐碱土壤决定了盐碱水质类型，由于盐碱水质水化学组成的复杂性，盐碱水域中生物量少、品种单一。

水生生物的生存有赖于水中所溶解的各种复杂的成分，包括无机离子和溶解氧，不同的水质对养殖生物的生存和生长都有较大影响。盐碱水质的特殊性给水产养殖带来了较大的难度。这是因为 pH、碳酸盐碱度、离子系数均是水质中重要的化学及生态因子，在高 pH、高碳酸盐碱度和高离子系数条件下，会直接影响养殖生物的生存，成为养殖的主要障碍。

利用盐碱水开展水产养殖，尤其要注重水化学成分与养殖生物的相互关系，进而确定养殖生物对各水化学因子的具体要求。由此可见，并非所有盐碱水都可以直接用于养殖，有的盐碱水需要通过水质改良才能用于水产养殖。因此，在利用盐碱水进行养殖前，一定要经过水质测定，确定水的性质、类型，以免造成养殖的失败。

第四节　盐碱水绿色养殖技术特点

我国盐碱地水产养殖主要有以下特点：一是盐碱水质类型繁多，绝大多数需要通过化学、物理等方法进行改良调控后才可用于养殖，且养殖尾水不能随意排放，以免造成周边土壤盐渍程度加大和养殖环境的破坏。二是养殖的品种一般以广盐、广温、杂食性或滤食性品种为主，此类生物对水体盐度有较大的适应范围，对盐碱水质有较强的耐受能力。盐度大于 8、pH 小于 8.8，可以养殖广盐性的海水种类，如凡纳滨对虾、斑节对虾、中国明对虾、日本囊对虾、刀额新对虾、脊尾白虾、锯缘青蟹、梭鱼、罗非鱼、花鲈、西伯利亚鲟、青蛤等；对于盐度在 8 以下、pH 小于 8.8 的盐碱水，可以养殖耐盐碱淡水种类，如罗氏沼虾、日本沼虾、大口黑鲈、草鱼、鳙、鲫、斑点叉尾鮰等；对于盐度大于 25 或 pH 大于 8.8 的高盐碱水质，可以养殖一些土著鱼类，如大鳞鲃、雅罗鱼、裸鲤等。三是养殖周期短，一般养殖不跨年度，放养大规格苗种，当年养成，模式以混养、套养为主。四是以投喂高效饲料为主，不提倡投喂鲜活动物饲料，以减少对养殖环境的污染。

第五节　盐碱水养殖生态功能

盐碱水养殖具有重要的生态功能。以盐碱水养殖为核心技术，以生态治理为目标，开展复合生态构建工程，建立“以渔降盐、以渔治碱、种养结合”的盐碱渔业综合利用模式，开展盐碱湖泊水域生态保护与修复，将“白色荒漠”的盐碱地，改造成为可以种养结合的“鱼米绿洲”，形成新的产业带，实现生态、经济、社会效益统一，对促进我国生态文明建设、解决偏远地区“三农”问题、保障粮食安全都具有重要的战略意义，对拓展渔业新空间、产业区域战略转移、淡水资源节约利用及盐碱环境生态修复具有重要的现实意义。

我国盐碱水土分布地区大多生态环境脆弱，生产条件比较恶劣，农业缺乏经济增长点，地域性的经济基础薄弱，制约了当地经济的发展。

对于盐碱地的治理和耕地次生盐渍化的防治，经过长期的研究和实践，人们对排水防治土壤盐碱化的重要性已有较清楚的认识。有关研究表明，通过挖沟渠排盐碱等水利工程，可以有效降低土壤的盐碱程度，防止土壤的盐碱化和次生盐渍化，盐碱地经过 3 年改造可以进行耕作。因此世界各国建设了大规模的水利工程，修筑各级排灌沟渠，采用明沟、暗管和竖井等方法进行排灌，比较成功的例子有巴基斯坦的管井排水，美国的防渗与排水，日本的填土、暗管、挖渠、电动排灌等。我国在 20 世纪 60 年代中期，成功推广应用机井（群）进行排灌。但是由于既要冲洗土体中的盐分，又要控制地下水位，防止地下水位的上升引起土壤返盐，因此沟渠中洗盐排碱水的排放经常成为人们争议的焦点。洗盐排碱水的乱排乱放，会导致更多的耕地盐渍化，无法从根本上解决洗盐排碱水的出路问题，影响了盐碱地治理改造的长效性，导致盐碱地的治理进展缓慢，效果甚微。把洗盐排碱水利用起来，在盐碱地有目的、有秩序地开挖池塘进行水产养殖，则给洗盐排碱水的利用找到了新方法，从根本上解决了盐碱地治理改造中的瓶颈。我国有 19 个省、自治区和直辖市有不同程度、不同面积的盐碱地，盐碱地总面积和我国耕地面积相差无几，通过盐碱地渔业开发利用，不仅可以产生可观的经济效益，更能为守住 18 亿亩耕地红线提供新的途径，为我国的农业生态环境提供安全保障，盐碱地亦有望成为今后最富活力的土地资源，为保障我国食物安全作出巨大贡献。

第二章 盐碱水养殖技术和模式发展现状

第一节 国内盐碱水养殖的主要特点

一、盐碱渔业产业化发展规模

“十一五”“十二五”期间我国在华北滨海地区及沿黄地区开展了盐碱水养殖。在河北沧州形成了万亩盐碱水健康养殖示范区，技术辐射近20万亩，新增产值7.78亿元，新增利润3.54亿元。河北唐山也已形成了8 000余亩的盐碱水养殖示范区，技术辐射5万亩。此外，山东、江苏、天津、甘肃、宁夏、陕西、山西、吉林、河南、新疆等省份均有不同程度盐碱水资源渔业开发利用，为盐碱水资源的开发利用开创了新途径。

相对于国外盐碱水养殖处于研究和中试阶段，尚未形成新产业的现状，我国盐碱水养殖产业已经初具规模，但由于盐碱水受气候、人类活动等影响较大，缺少系统地体现我国盐碱水资源现状的基础数据，又因盐碱水质类型多样、水化学组成复杂、关键核心技术覆盖率不足，其技术辐射推广进程不甚理想。

二、适宜盐碱水养殖对象

我国盐碱水域分布广泛、水质类型多样，近年来水生生物适应盐碱环境的机制得到了国内学者的关注，他们以盐碱水域土著品种（青海湖裸鲤、雅罗鱼、大鳞鲃等）、模式生物（青鳉等）、经济品种（如凡纳滨对虾、异育银鲫）为研究对象，开展了生理学以及耐盐碱基因筛选方面的研究，发现了酸碱调节、渗透压调节、免疫调节以及能量代谢等多个与盐碱调节相关的代谢通路，为盐碱驯化及评价提供了基础。

通过建立盐碱耐受性能评价方法，从鱼、虾、蟹、贝、藻中筛选出了梭鱼、罗非鱼、以色列红罗非鱼、西伯利亚鲟、咸海卡拉白鱼、美国红鱼、黑鲷、大银鱼、异育银鲫、中国明对虾、斑节对虾、凡纳滨对虾、日本囊对虾、刀额新对虾、锯缘青蟹、三疣梭子蟹、青蛤、钝顶螺旋藻等近20种适宜盐碱水质养殖的物种，近年来又从国内外天然盐碱水域中开发出瓦氏雅罗鱼、达里湖鲫、大鳞鲃等土著种。其中凡纳滨对虾、梭鱼、异育银鲫和罗非鱼已经在盐碱水中进行了规模化养殖，推动了盐碱水养殖的发展进程。

三、盐碱水质改良调控

20世纪90年代，中国水产科学研究院东海水产研究所首次从渔业角度研究了我国盐碱水质水化学组成与类型，发现了制约盐碱水开展水产养殖的关键因子，研发了高碳酸盐碱度、离子比例失调型盐碱水质改良方法，使原先人畜无法饮用、农业无法利用的盐碱水成为养殖用水，在陕西硫酸盐类钠组Ⅱ型、河北氯化物类钠组Ⅱ型等非海洋性咸水中养殖中国明对虾、凡纳滨对虾、日本囊对虾、斑节对虾、罗非鱼和梭鱼等获得成功，开创了我国盐碱水养殖先河，为其发展奠定了基础。

相对于国外研发的盐碱水质改良优化措施，我国在盐碱水质改良优化方面不论从研发时间还是技术水平上均处于领先地位。但由于盐碱水质类型繁多，现有的水质改良优化技术仍不能对已经发现的10余种盐碱水质类型进行全覆盖，从而制约了盐碱水资源的开发以及水产养殖技术的推广。

四、盐碱地健康养殖技术

我国开展了以沿黄地区为代表的盐碱池塘生态学相关研究，分析了盐碱池塘浮游植物季节演替、浮游植物初级生产力的变化规律及其对养殖环境的影响，研究了浮游植物与主要非生物环境因子的关系；对盐碱池塘浮游动物、底栖动物以及细菌组成的多样性和季节变化规律进行了监测，探讨了其在盐碱地对虾养殖中的生态作用；对盐碱池塘不同养殖模式的鱼类产量、负荷力和能量利用进行了初步比较。

针对盐碱水质具有明显区域性和水型多样的特点，华北地区创建了以养殖凡纳滨对虾为主的对虾与红罗非鱼、对虾与梭鱼、对虾与青蛤等的生态混养模式，并探索了“枣基塘”“上粮下虾”“上农下渔”等原位和异位盐碱水土资源渔农综合利用模式；东北地区探索了 9 种典型的盐碱性湿地渔业开发途径，利用盐碱水的高碱性探索工厂化养殖模式，对苏打型盐碱化芦苇沼泽地研究了“苇-蟹-鳜-鲴”模式；东部地区利用标准化池塘探索盐碱水生态养殖标准化的可行性；西北地区利用天然盐碱水域开展放牧型增养殖模式，并进行了宜渔低洼盐碱湿地湖塘养殖试验。

我国建立的盐碱水土资源渔业利用模式，在规模、产量和效益等方面均高于澳大利亚、印度等国家。

五、盐碱渔业区域生态治理潜力

实践证明，挖池抬田并以种植业和养殖业相结合的形式对盐碱水土资源进行综合利用，可以缓解土地次生盐碱化程度，产生显著生态效益。实地监测表明，华北滨海盐碱地经过三年台田-浅池模式的水产养殖，土壤阳离子交换量和盐分含量大幅度下降，土壤脱盐效率最高可达到 70%以上。鲁西北地区应用基塘系统开展了养殖试验，改变了洼地原有的自然状况，并且向良性转化。东北苏打型盐碱地进行的稻-鱼-苇-蒲开发结果表明，开发后土壤有机质含量增加、盐分含量下降，养鱼稻田的土壤微生物总量明显增高、土壤酶活性进一步加强。

盐碱水养殖可以将荒置的水土资源变废为宝，并逐渐改善盐碱地区的生态条件，其区域生态治理潜力已经得到初步认可，但国内外相关的基础研究和生态修复效果的长期性、系统性评价较少。

第二节　国外盐碱水养殖的主要特点

一、世界盐碱渔业发展概况

全世界盐碱地主要分布在北亚、中亚、大洋洲以及南美洲。据联合国估算，地球上每年约有 12 万公顷可耕土地因盐碱化而丧失生产力。盐碱水的分布更为广泛，除了伴随着盐碱地分布的地下及地表盐碱水外，盐碱湖泊也是盐碱水资源的主要来源之一，如肯尼亚的马加迪湖（Lake Magadi）、土耳其的凡湖（Lake Van）、美国的大盐湖（Great Salt Lake）、乌兹别克斯坦的咸海（Aral Sea）以及我国的青海湖等均是典型的盐碱湖泊。

国外多个国家对盐碱水进行了探索性开发。澳大利亚采用抽取地下水等工程措施来降低土壤盐碱化，但大部分抽取的地下水处于闲置状态，也曾尝试利用地下盐碱水进行水产养殖；美国通过对大盐湖周边湿地的维护来保护湖区生态系统；乌兹别克斯坦对典型内陆盐碱湖泊的水文生态和化学特征进行了分析，评估了利用盐碱湖泊进行健康水产养殖的可行性，以期增加食物供应，发展当地经济。

二、养殖对象

盐碱湖泊等天然盐碱水域生物多样性较低，生态系统相对脆弱，以土耳其凡湖及我国青海湖为代表的高原盐碱湖泊中的土著鱼类（珍珠鲻、青海湖裸鲤）濒临灭绝。国外一些国家对盐碱水域种质资源进行了保护：肯尼亚采用异地移殖的方式，对马加迪湖中仅有的马加迪湖罗非鱼土著资源进行保护；美国将皮拉米德湖（Pyramid Lake）水系代表种克拉克大麻哈鱼移殖到其他盐碱湖泊养殖获得成功。而用于盐碱水养殖的经济品种较少，仅见对斑节对虾、石首鱼、澳大利亚肺鱼等海水种，鲈、虹鳟、罗非鱼等广盐性鱼类，以及鲤等淡水鱼类进行了养殖试验。

三、综合利用与生态修复

养殖用水的综合利用和净化循环是盐碱水养殖发展的关键问题之一。澳大利亚在Goulburn-Murray盐碱灌区的研究表明整合水产养殖和灌溉系统能够显著提高作物生产力、水利用效率和环境可持续性；埃及在干旱贫瘠而地下半咸水资源充足的尼罗河三角洲地区探索了红罗非鱼养殖和土豆、藜麦等耐盐作物种植的半咸水渔农综合利用模式。针对盐碱养殖排出水可能造成的潜在污染，美国、澳大利亚、德国筛选出了海蓬子、芦苇、狭叶香蒲、盐草、灯芯草等耐盐碱植物或盐生植物，并利用这些植物构建人工湿地或植物过滤器用于去除盐碱养殖排出水中的污染物；以色列、荷兰采用升流式厌氧污泥床（UASB）等工程化设施对基于盐碱水的循环水养殖系统产生的污泥进行高效处理，并实现了处理产物的循环再利用。

国外对利用盐碱水的潜在环境生态影响也进行了相关研究。在泰国，为了降低盐水入侵带来的风险，将海水虾类养殖限制在盐渍沉积物相对接近地表区域，而低盐度的区域只进行淡水虾类养殖。越南发现湄公河三角洲滨海地区对虾池塘的养殖排放物对周边水体有机物和营养盐负荷的直接影响并不大，但引起的盐度和营养盐的变化会导致水体物种多度和多样性的下降，改变浮游植物、浮游动物和底栖动物群落的组成和结构。

四、试验推广情况

国际上开展盐碱水养殖的国家主要有澳大利亚、以色列、印度及美国。澳大利亚利用地下咸水开展了半精养池塘养殖、网箱养殖及循环水精养，针对其南部地下盐碱水部分离子浓度偏低的特征，采取化学措施进行水质改良，成功开展了斑节对虾、石首鱼、澳洲肺鱼等海水品种的养殖，在不适宜改良的水域开展鲈、虹鳟等广盐性鱼类的养殖，并在内陆盐碱水地区探索了江蓠属海藻养殖的可行性；印度把水产养殖作为开发内陆盐碱水资源的最适宜途径，通过化学措施调整主要离子浓度，成功开展了斑节对虾的粗放养殖及对虾幼体培育，养殖产量为630～690千克/公顷；巴基斯坦在盐渍积水区开展半精养鲤养殖，发现鲤对盐碱水具有一定适应能力，产量比淡水池塘低32.5%；鉴于水资源的稀缺，以色列内陆盐碱水养殖以循环水养殖为发展方向，开发了较为先进的盐碱水循环水养殖设施；美国亚拉巴马州通过调节主要离子浓度，在内陆盐碱水池塘养殖对虾获得成功；泰国、越南等东南亚国家的滨海地区盐碱池塘也被用于开展海水虾类的养殖；菲律宾则对罗非鱼在盐碱水中养殖的潜力进行了研究，明确了其生长、繁殖和摄食最适的盐度范围，形成了土池、网箱等适用于不同水资源条件的养殖模式。虽然多国进行了不同模式的探索，但基本处于试验阶段，尚未形成规模。

第三章 盐碱水养殖技术和模式

第一节　水质改良与调控

盐碱水由于水化学组成的多样性和复杂性，养殖性能较低，外加盐碱地区域干旱少雨，池水蒸发量大，加剧了盐碱水质对生物的影响，因此利用盐碱水进行水产养殖必须通过水质改良来提高其水产养殖性能。盐碱水质改良是盐碱水质养殖成败的核心问题，同时也是获得高产的关键技术。

通常盐碱水质改良可根据养殖的具体情况，如养殖水源是否丰富、是否有淡水水源、底质、池塘水化学特点等选择物理、化学和生物的方法。

一、物理法

一是池塘水盐度、碱度均较高，池底易渗漏的池塘可通过铺地膜方式降低土壤中盐度、碱度对养殖生物的影响；二是淡水较为丰富、靠近水源的地方，可采取往池塘注入部分淡水的方法，降低水体矿化度、pH 和碳酸盐碱度对养殖生物的影响；三是使用增氧机，使养殖池塘水中保持充足的溶解氧，这是改良水质和底质的关键措施，尤其是可以减少硫酸盐类水体中硫离子向硫化氢转化。

二、化学法

针对盐碱水质中主要离子比例严重失调、pH 和碳酸盐碱度偏高或营养物质缺乏等问题，可以采用化学方法对水质进行改良和调控，从而提高初级生产力，解决营养盐比例失调问题，增强盐碱水质缓冲能力，降低 pH 和碳酸盐碱度，使水质满足养殖生物正常生理代谢与生长的需求。

三、生物法

利用某些微生物、藻类（水生植物）及代谢产物对盐碱水的 pH、矿化度、碳酸盐碱度等水质因子具有吸收利用、降解或转化的性能，改良水质，为养殖生物生存与生长提供有利的条件。

四、pH 复合调控法

针对盐碱池塘养殖水质 pH 高、缓冲能力差等制约因子，采用生石灰降碱法、菌藻平衡法、测水追肥以及池塘底部改良技术等多种改良调控技术，使池塘养殖水质 pH 稳定在 9.0 以下。

生石灰降碱法：可降低池塘盐碱水离子系数，维持盐碱池塘 pH 稳定。针对盐碱池塘水土间 Na^{+} 通量大、水环境中 Na^{+} 浓度上升引起水体碱性升高的情况，在养殖准备期，科学施用生石灰增加二价离子浓度，降低水体离子系数，从而有效降低水体的 pH。同时生石灰还可以改良池塘底部土壤质地、调节土壤参数、促进有机物质分解、对细菌进行有效杀灭，具有防治病害的作用。

菌藻平衡法：可避免因藻类过度繁殖导致的 pH 急剧上升，同时微生物产物偏酸性，可中和水体的 pH。采用"生态基"原理，同时施用光合细菌和芽孢杆菌，维持池塘有益菌的优势增长，抑制蓝藻等有害藻类的繁殖。同时利用大多微生物代谢产物偏酸性的特性，在调控水体中氨氮、亚氮的同时，对养殖水体的碱性上升有所遏制。围绕藻类繁殖、光合作用需要吸收水体中的 CO_2 和 HCO_3^- 的特性，将传统的叶轮式增氧改进为底增氧＋叶轮式增氧的复合增氧。一方面，增加水气交换面积，使更多的 CO_2 溶于水，增强水体中碳酸盐缓冲体系性能，抑制因藻类光合作用导致的 CO_3^{2-} 浓度和 pH 的上升；另一方面，充足的溶解氧为有益微生物营造了良好的生长环境，从而使池塘水体的 pH 得以有效控制。

盐碱池塘底部改良技术：鉴于盐碱土壤是池塘养殖水质高碱性的主要成因，因此在养殖前使用富含微生物的底泥改良剂均匀泼洒于池底。一是运用物理阻隔的方式，减少土壤和水体的盐碱交换，降低土壤对养殖水质酸碱性的影响；二是利用枯草芽孢杆菌等微生物代谢产物偏酸性的特点，在营造良好池塘生态的同时，对养殖水质进行调控，为控制养殖水质的高碱性奠定基础。整个养殖周期使用底泥改良剂 2 次，每次每亩 0.5 千克。

第二节　适宜养殖对象筛选及驯养技术

一、盐碱地池塘养殖对象

选择盐碱地水产养殖品种需要考虑盐碱水质的类型，以及养殖品种对盐碱的耐受能力，并不是所有的水产品种都适宜在盐碱地进行水产养殖。开展盐碱地池塘水产养殖，主要选择广盐性、广温性、耐盐碱养殖品种；在确定养殖模式时也要考虑水质类型及品种特性，进行合理搭配；由于盐碱水质存在着“三高一多”的特点，水质类型复杂多样，目前适宜在盐碱地进行水产养殖的品种主要分为三大类。

第一类是广盐性生物，此类生物对水环境中的盐度有较大的适应范围，对盐碱水质有较强的耐受能力，适宜在多种类型的盐碱水中养殖。目前可以进行盐碱地水产养殖的品种有凡纳滨对虾、斑节对虾、中国明对虾、日本囊对虾、刀额新对虾、拟穴青蟹、三疣梭子蟹、梭鱼、罗非鱼、西伯利亚鲟、大口黑鲈、花鲈、美国红鱼、青蛤等。其中中国明对虾、日本囊对虾、凡纳滨对虾、梭鱼、罗非鱼等品种可以在盐碱水质中进行规模化养殖。

第二类是淡水养殖品种，此类生物对盐度有一定的耐受性，对高碱度有较强的耐受性，可以在盐度低于 8 的高碱度盐碱水中进行养殖。目前适合在盐度低于 8 的盐碱水中养殖的品种有鲤、鲢、鳙、草鱼、鲫、鲟、日本沼虾、罗氏沼虾、中华绒螯蟹等淡水鱼、虾、蟹类。

第三类是耐盐碱土著鱼类和特殊养殖物种，比如青海湖裸鲤、雅罗鱼等耐盐碱土著鱼类以及螺旋藻（*Spirulina*）、卤虫（*Artemia*）、轮虫（Rotifera）等特殊养殖物种。

二、盐碱水苗种筛选和驯养技术

凡纳滨对虾苗种驯养技术：研究发现氨排泄是养殖生物适应盐碱环境的重要指示指标，以此为基础构建了盐碱水水质驯养方法。通过盐度驯化、离子驯化、水质驯化三步法，使苗种入塘成活率提高至 70%以上。以凡纳滨对虾为例，第一步进行盐度驯化，使暂养水质与养殖水质盐度相近；第二步根据养殖水质的离子组成，对变化幅度较大的水质进行离子浓度适应性驯化；第三步用盐碱池塘养殖用水进行 3～5 天的水质驯化。虾苗从0.4～0.5厘米逐步驯化长至1.0～1.5厘米，大幅提高了虾苗入塘成活率。

适宜的养殖新种类筛选：利用养殖对象的生理适应规律，筛选出适宜的养殖新种类9种，其中适宜在高盐碱水中养殖的种类5种，包括额河银鲫、梭鱼、青海湖裸鲤、瓦氏雅罗鱼、大鳞鲃；适宜在低盐碱水中养殖的种类4种，包括黄颡鱼、鳜、河鲈、梭鲈。

第三节　特有有害藻类及防控

一、双星藻类

盐碱水质往往偏瘦，易造成该藻类大量繁生。水绵（图3-1）、双星藻、转板藻等双星藻类多在天气转暖后，在鱼池浅水处萌发，长出缕缕细丝，根扎在池底，上端直立在水中，故也称深水性丝状植物。其可使池水透明度增大，通过pH影响水质的稳定性，从而对养殖生物的生长造成影响。

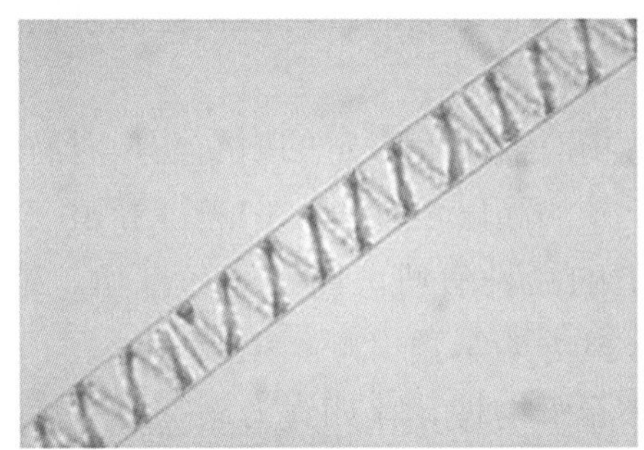

图3-1　双星藻类代表种——水绵

防除方法主要是在养殖前，排干池水，施用生石灰75千克/亩；底质差的池塘，放水后，每亩施200～300千克有机肥，使池水尽快肥起来。对已长出的水绵，可用草木灰拌湿土洒于水绵、青泥苔上，降低其危害性。

二、水网藻

属绿藻纲（Chlorophyceae）、绿球藻目（Chorococcales）、水网藻科（Hydrodictyaceae）、水网藻属（*Hydrodielyon*）。多发生在较肥的

浅水池塘中，鱼（虾）苗误入水网藻中很难出来，会因呼吸和摄食困难而死亡。防除方法与双星藻类相同（图 3-2）。

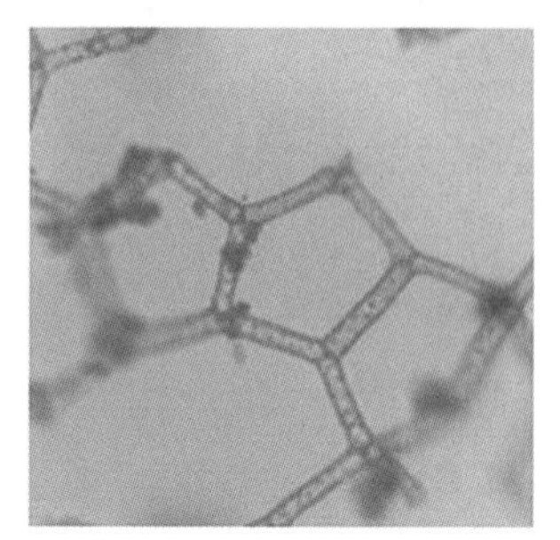
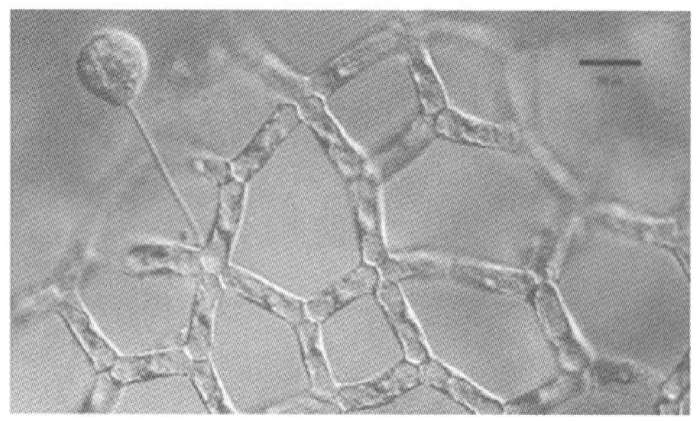

图 3-2 水网藻

三、蓝藻水华

以铜绿微囊藻（图 3-3）居多，多发生在高湿季节，特别是在水温 28～30℃、pH 8.3～9.5 条件下生长最快。天气变化时，该藻类会大量死亡，产生羟胺，危害养殖生物的生长，严重时，会造成鱼类大量死亡。生长过盛时，会使水体 pH 居高不下，凌晨亦会造成生物缺氧死亡。防除方法：混养滤食性鱼类、贝类，或施用微生态制剂；也可以在清晨用 2 毫克/升含氯石灰（水产用）杀除。

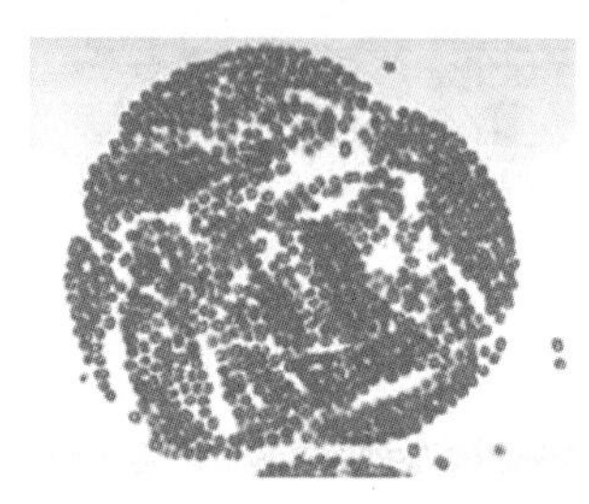
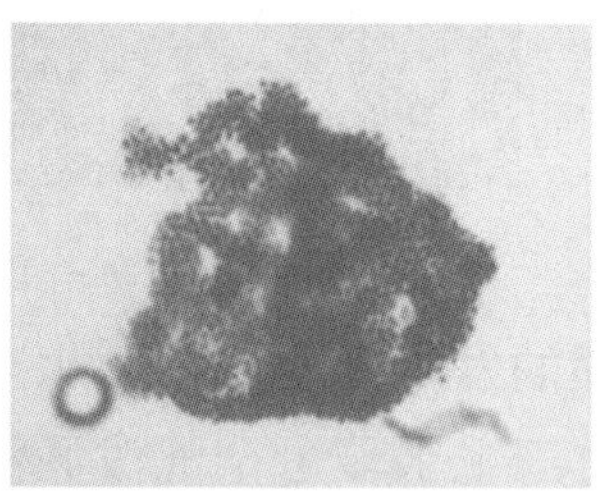
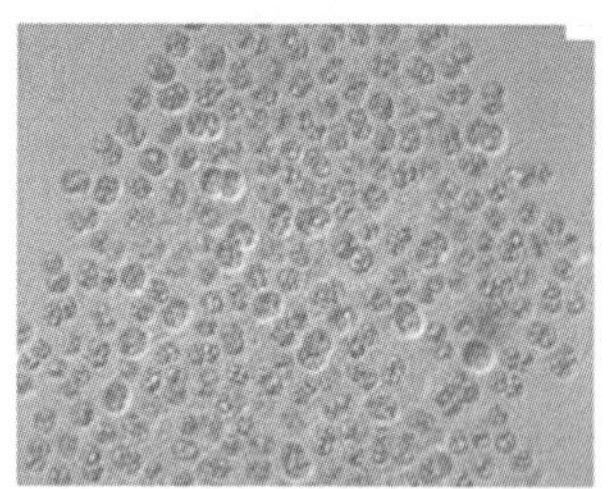

图 3-3 蓝藻水华代表藻类——铜绿微囊藻

四、甲藻类

多发生在有机质含量多、硬度大、呈微碱性的高温水体中。当水温、pH 突然改变时，就会大量死亡。多甲藻、裸甲藻（图 3-4）等藻类大量死亡后产生甲藻毒素，造成养殖生物中毒死亡。防除方法是定期使用有益菌，以改善水质。

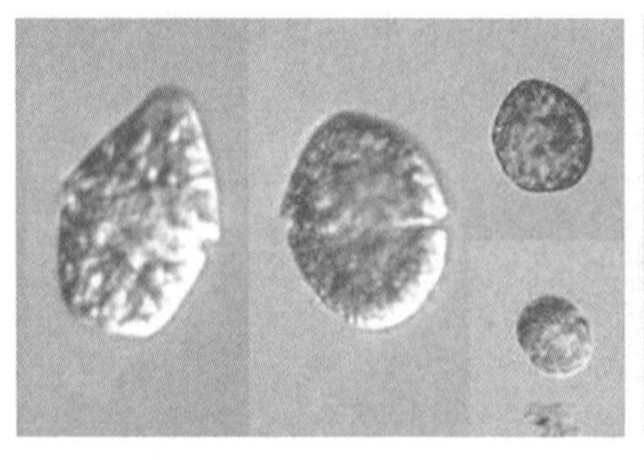
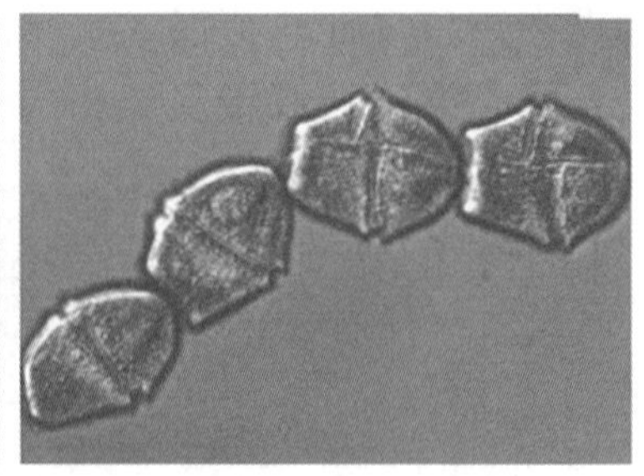

图 3-4　甲藻类代表种类——裸甲藻

五、小三毛金藻

小三毛金藻属于浮游性单细胞鞭毛藻类，是盐碱地水产养殖中易发生的特有病害，其特点是多发生在新开池塘、水质清瘦、透明度大、碳酸盐碱度高的盐碱水中。小三毛金藻（图 3-5）会分泌一种使鱼中枢神经中毒的毒素致鱼死亡，当水体中小三毛金藻达3 000万个/升时，水呈黄褐色，引起鱼虾类大量死亡。对小三毛金藻最敏感的是鲢、鳙、草鱼、鲤等鱼类。

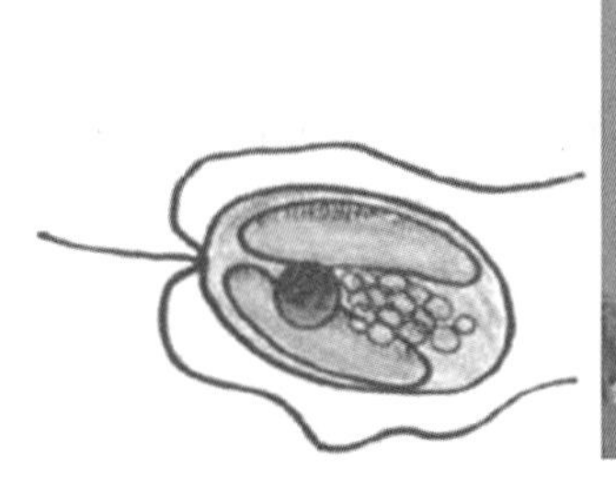
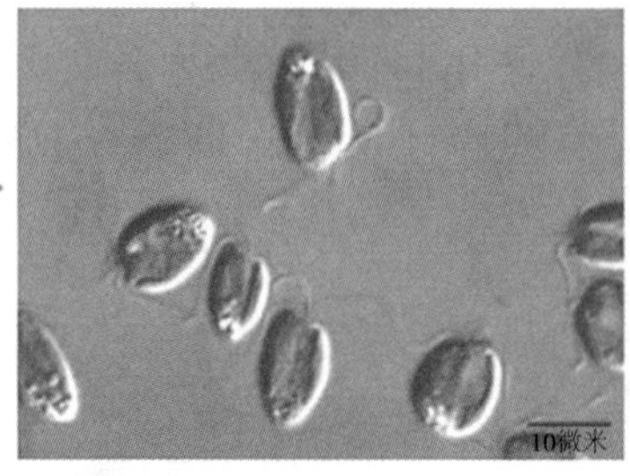

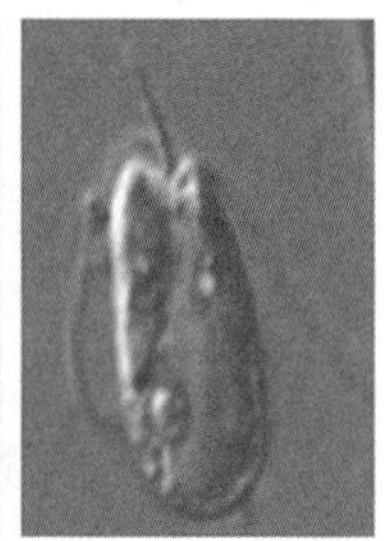

图 3-5　小三毛金藻

为了防止小三毛金藻的发生，要注重肥水工作，施有机肥的效果好于无机肥。池水中发现小三毛金藻可全池泼洒泥浆水吸附毒素，每亩泼洒 200 千克。如发现病情立即采取措施，可以得到较好控制，在 12～24 小时后中毒鱼即可恢复正常。

第四节　基于区域条件和水质类型的养殖模式

一、盐碱池塘标准化养殖技术体系

1. 水产行业标准《盐碱地水产养殖用水水质》（SC/T 9406—2012）

本标准对盐碱地水产养殖用水水质分类的依据是对数千个水质数据

的详尽分析研究，包括对我国青海湖、岱海等一些盐碱湖泊进行比对，并总结了20年来国内在盐碱水质对养殖生物毒理、生理、生化的影响以及养殖生产实践等方面的成果，是我国第一个关于盐碱地水产养殖的行业标准。标准第一次对盐碱水进行了科学定义，规定了盐碱地水产养殖用水水质要求，适用于不同类型盐碱地水产养殖用水水质检测与判定。通过宣贯和推广已经被河北、宁夏、江苏、甘肃等地区广泛应用。

2. 建立以异育银鲫为代表的盐碱池塘养殖生产标准体系

以海丰水产养殖公司为例，为提高盐碱池塘标准化水产养殖水平、确保养殖水产品质量安全，首先制定了养殖技术方案（HFSC-03-04-2012），以《盐碱地水产养殖用水水质》（SC/T 9406—2012）、《水产品池塘养殖技术规范》（DB31/T 348—2005）和《规模化水产养殖场生产技术规范》（DB31/T 570—2011）为依据，规定了苗种来源及选择、放养模式及规格、有关养殖水质安全指标和养殖水质管理指标的各项要求、饲料的质量要求、养殖水产品病害防治方案以及养殖过程管理时间节点。在水产品质量安全方面，严格执行《中华人民共和国农产品质量安全法》，并指派专人负责水产品质量安全监督管理工作。

按照GB/T 1.1的要求，遵循《中华人民共和国渔业法》以及《中华人民共和国产品质量法》第九条的规定，以危害分析与关键控制点（HACCP）原则作为编制标准的基础，在鲫的产前、产中、产后实行标准化管理，建立了系列养殖技术标准及相关的管理制度，有效地提升了鲫养殖水平。尤其是对水产品养殖和销售的活动及其场所涉及的环境管理，建立了ISO 14001：2015管理体系，保障了盐碱水养殖鲫的质量安全，取得了良好成效。

二、不同区域的盐碱池塘养殖模式

根据不同盐碱水质类型，建立江苏滩地型盐碱池塘鲫标准化养殖模式、西北内陆盐碱地区池塘对虾养殖模式、华北滨海盐碱池塘对虾生态养殖模式等多种典型的盐碱池塘生态养殖模式，保证了“品种＋技术”的模式推广应用，取得了良好成效（图3-6）。

1. 江苏滩地型盐碱池塘鲫标准化养殖模式

按照标准化建设的要求，围绕健康、生态、高效原则，创建了与异育银鲫标准化养殖相关的核心技术，建立了鲫养殖示范区；构建了主养

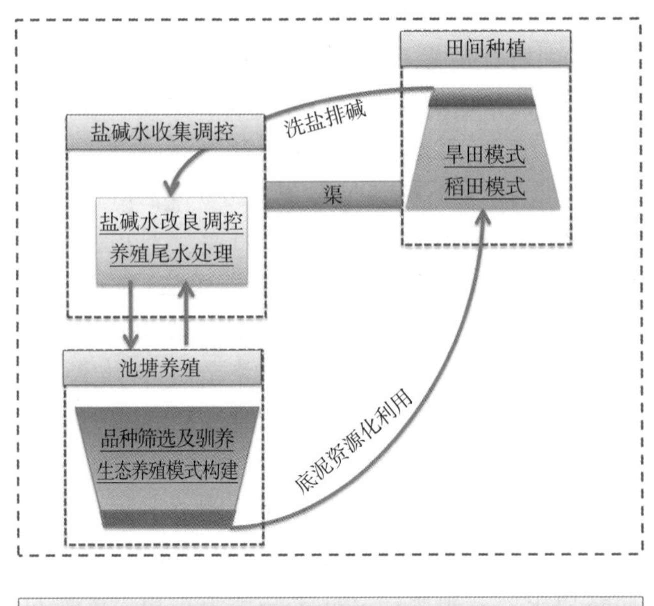

图 3-6 盐碱水绿色水产养殖技术概念图

鲫、混养草鱼等鲫生态养殖模式；建立了主养鲫、混养少量鲢鳙的鲫生态高效养殖模式，确定了异育银鲫和鲢、鳙生态养殖的混养比例；引进良种，鲫养殖品种由普通异育银鲫为主逐步变为异育银鲫“中科 3 号”为主；建立了药敏试验，使渔药使用更有针对性，保障养殖水产品的质量安全。池塘亩产最高达1 539千克，示范区平均亩产 1 344.08 千克。除此之外，还积极探索了鲫养殖生产全过程的技术配套集成，对池塘养殖水质进行了定期定位监测，发现了养殖过程中池塘水质的变化规律，形成了相应的水质调控技术和水质检测规范。

2. 西北内陆盐碱地区池塘对虾养殖模式

在西北内陆宁夏盐碱地区建立了主养凡纳滨对虾的池塘养殖、大水面湖塘养殖以及温棚养殖 3 种生态养殖模式。针对宁夏地区的水质特点以及气候条件，开展了池塘水质定期监测、苗种水质驯化，以及池塘养殖、大水面湖塘养殖、温棚养殖 3 种模式的凡纳滨对虾养殖中试。针对西北内陆地区年平均气温较低，对虾的生长周期相对较短的特点，开展了温棚-池塘接力养殖，延长了当地水产养殖时间，加快了养殖生物的生长速度，同时也降低了外界气候条件变化对养殖的影响。

3. 华北滨海盐碱池塘对虾生态养殖模式

根据华北唐山地区的盐碱水土、气候特征及市场情况，通过3年的关键技术及配套技术的研究和完善，基本形成了池塘对虾主养、鱼虾混养、池塘-稻田对虾生态养殖、地下盐碱水大棚养殖4种典型模式，开拓了养殖空间，解决了当地采用淡水养殖凡纳滨对虾成活率低的难题。

三、“挖塘降盐”渔业生态修复新途径

针对盐碱地的脆弱生态环境，因地制宜地将生态修复与农业利用有机结合，创建了“挖塘降盐”渔业生态修复新途径，有效降低了周边土壤的盐碱程度，最高下降了83.9%，使土地复耕。

1. 盐碱地池塘抬田工艺

针对盐碱地治理中长期存在的盐碱水出路问题，以及盐碱地返盐碱等盐碱土壤治理的难点问题，提出了养殖池塘-台田配置、组装集成的以渔降盐碱关键技术。在实践中发现，台田可起到以高度淋盐碱的作用，并且有效阻止盐分向上入侵。但是台田高度并不是越高越好，它决定土壤保水量的多少，影响地表水的利用。抬田解决了水浸沥涝和高盐碱的问题，但也存在台田高、保水性能差的技术难点，如无淡水浇灌，又会影响台田农作物的栽培。因此，台田的高度是一项关键的技术指标。

根据华北等地的地理特点、土质状况和地下水的埋深特点，合理配置了台田高度，初步建立了1∶3的池塘-台田结构，使台田种植与池塘养殖有机结合起来。实践表明，在低中盐度的低洼盐碱地，通过抬田建鱼池，可以有效改善台田土壤的盐碱化程度。通过几年的建池养鱼，盐碱地土壤从以前只长盐蒿碱蓬等盐生植物，到现在出现了狗尾巴草等植物。但在高盐碱缺水区域不能简单靠建池改良土壤，而是一要提高池塘与台田的高度差（根据地下水的具体埋深情况而定），二要在台田上采取综合治理的措施，才能达到良好的效果。

2. 池塘-稻田综合种养生态系统工程

池塘-稻田综合种养是指基于水盐平衡和物质能量循环原理，以解决盐碱地治理过程中盐碱水的出路问题为目标，将水产养殖和盐碱地治理耕作结合起来的渔农综合利用模式。通过3年的探索，针对不同类型的盐碱水土特点，初步构建了池塘-稻田盐碱地渔农综合利用模式，经

过1年的洗盐排碱，土壤盐度由13.7克/千克下降到4.8克/千克，下降65.0%，达到作物种植标准，水稻亩产达到500千克/亩以上。此外，汇集的洗盐排碱水经水质改良调控、配套盐碱驯养评价技术养殖凡纳滨对虾、鲫、泥鳅等获得成功，凡纳滨对虾亩产平均可达240千克以上。通过田塘尺度和土柱水盐运动规律研究，初步确定了池塘-稻田比为1∶(3～8)，为盐碱地渔农综合利用模式的构建提供了基础。

3. 盐碱地渔业生态修复模式

（1）盐碱池塘原位复耕模式　盐碱地通过建池进行水产养殖，可以有效改善土壤的盐碱化程度。鱼塘原位复耕的做法是将经过几年养殖的池塘重新复垦为农田。江苏大丰低盐高碱地区采取了鱼塘原位复耕成农田，种植经济作物的做法，有效开拓了耕地面积，在创建良好生态环境的同时，使原荒废的盐碱地成为可耕种的土地，体现了经济和生态的累积效应。江苏大丰地区复耕面积达5 000亩，主要进行水稻种植。

（2）"挖池降盐"复耕模式　华北地区根据实际情况进行了因地制宜的盐碱地复耕利用，实践证明，盐碱水养殖可以减缓周边土壤的盐碱化程度，也可防止耕作土壤的次生盐碱化。采取"深挖一条线（养殖池塘），改造一大片"的做法，实现了废弃盐碱土地合理利用的目标。在低洼盐碱地，开沟挖渠（进排水沟）并使深度保持在1.5米以上，是防止盐碱水侵蚀的重要措施。渔农复合生态养殖模式使得渔、农相互利用、相互促进，有利于提高盐碱水土综合利用率，开发潜在的土地资源和盐碱水资源，拓展我国农业发展新空间，形成新的产业带。

（3）次生盐碱水土修复模式　甘肃景泰县位于六盘山片区，受盐碱化影响的耕地面积达27万亩，因盐碱化被迫弃耕、荒芜的耕地达6.3万多亩，每年还以6 000亩的速度增加，耕地大面积盐碱化成为制约当地经济发展的重要因素。2016—2018年通过对三道梁、五佛、草窝滩、芦阳等地进行实地考察和水质检测分析，中国水产科学研究院东海水产研究所提出了"挖塘降水、抬土造田、渔农并重、治理盐碱"的技术路线，为治理当地的盐碱地和解决土壤次生盐碱化提出了新途径。通过水质改良，在五佛乡现代农业生态示范点开展凡纳滨对虾养殖试验获得成功；在草窝滩镇建立了渔农结合治理盐碱地项目区，建成池塘150亩，开展的凡纳滨对虾、金鳟、虹鳟、黄金鲫、俄罗斯鲟等养殖试验均获成功，当年在塘埂盐碱地上试种甘啤4号大麦陆续出苗，长势正常，目前已可以种植枸杞、啤酒大麦、西红柿、芹菜、花葵、苜蓿、红枣、甜高粱等耐盐碱植物，池塘周边土壤盐碱化扩大趋势得到遏制，渔农综合利用生态效果显著，用当地老百姓的话来说，就是“撂荒的盐碱滩地有望变回丰产区”。

第五节　洗盐排碱水凡纳滨对虾养殖技术规范

一、凡纳滨对虾生物学特点

凡纳滨对虾（*Litopenaeus vannamei*）原产于太平洋西岸至墨西哥湾中部。凡纳滨对虾生命力强、适应性广，生长迅速、产量高、规格整齐，可以进行高密度养殖，成活率一般在70%以上；营养要求低，饵料中蛋白质的含量占20%～25%时，即可满足其正常的生长需求；饵料系数一般为1.4左右；是集约化高产养殖的优良品种；繁殖周期长，可以周年进行苗种生产和养殖；经过3个月的养殖，半精养产量达200～300千克/亩；离水存活时间长，因而可以活虾销售，商品虾起捕价高于其他对虾；肉质鲜美，既可活虾销售，又可加工出口，加工出肉率达65%以上；不仅适合沿海地区养殖，也适合内陆地区淡水养殖和盐碱地养殖。

二、盐碱地水产养殖水质要求

（1）水温　凡纳滨对虾为热带虾种，养殖适温为23～32℃。在逐渐升温的情况下，凡纳滨对虾可忍受43.5℃的高温。但对低温的适应性一般，18℃时停止摄食，9℃时开始出现死亡。

（2）盐度　凡纳滨对虾对盐度的适应能力很强，其盐度适应范围为1～72，最适盐度范围为10～25。

（3）pH　凡纳滨对虾对pH的适应范围为7.6～8.6，最适pH为7.7～8.3。pH低于7时，凡纳滨对虾的活力下降；pH超过9时，对凡纳滨对虾的蜕皮、存活均有影响。

（4）溶解氧　凡纳滨对虾抗低氧的能力突出，它耐受的最低溶解氧为1.2毫克/升。在养殖过程中要求水体溶解氧大于4.0毫克/升。

（5）透明度　0.40～0.60米。

（6）水色　水色以绿色或褐绿色为佳。

（7）水体营养盐　磷酸盐0.1～0.3毫克/升，硅酸盐20毫克/升，氨氮小于0.4毫克/升。

（8）总碱度　以不超过10毫摩/升为宜。

三、养成技术

1. 养殖池

虾塘面积一般以5亩左右为宜，长方形，长宽之比约为3∶1，水深1.5～2.0米；塘堤宽度不小于2米，沿池堤内侧设投饵台。

2. 虾池整理

一般虾池要曝晒至底泥呈龟裂状。晒池15～30天，甚至利用冬天空池时间，晒池45～60天。

3. 药物清池

虾池经上述整理后纳水，待池水pH稳定，再用药物清池。

清池的目的是杀灭有害生物，包括鱼、虾及病菌等。如养虾多年，虾池污染较严重，水沟也有不同程度的淤泥积累和污染，需向虾塘施生石灰100～150千克/亩或含氯石灰（水产用）30～50毫克/升消毒，主要目的是杀死底土及水体中的致病菌和敌害生物，生石灰还可改良虾池底质及调节水体碱度。

4. 进水

初次进水以50厘米为宜，再逐渐提高水位，亦可以首次进水至1米左右，再提高水位。进水时须用60目筛绢网过滤，避免带入小杂鱼或小虾。

5. 饵料生物培养

在养虾塘内培养饵料生物（基础饵料），是解决虾苗适口饵料、加速对虾生长的一项有效措施，是充分利用虾塘的自然生产力，降低养虾成本的有效途径之一。基础饵料生物具有繁殖快、培养方法简易可行和营养效果明显的优点，因而饵料生物培养是养殖程序中的一个不可缺少的生产环节。实践表明，如果基础饵料丰富，虾苗入池1个月便可长到8厘米左右。

虾塘清塘后，蓄水50～100厘米，向虾塘施肥，每次施肥量：氮肥1毫克/升、磷肥0.1毫克/升，使池水保持黄绿色或黄褐色。并逐步加水到180厘米，水的透明度控制在30～40厘米。为避免饵料生物的单一性，应定期进水引入饵料生物，使对虾摄食的饵料生物多样化。

常用的氮肥有尿素、硫酸铵等；磷肥有过磷酸钙等；有机肥可施用鸡粪、牛粪。氮、磷之比为10∶1，施肥时需将氮肥和磷肥分别用水搅拌稀释，然后均匀泼洒。前期3～5天施肥1次，后期7～10天施肥1次。若水体维持着充足、丰富的饵料生物，虾苗放养后视生长情况，可以不必投饵或少量投饵。

6. 虾苗放养

虾苗的选择和放养密度的确定，关系到对虾养殖成活率、生长速度、养殖产量和效益。因此，虾苗放养是养殖技术管理中的一个重要环节。

（1）选择体质健壮的虾苗　虾苗选择的标准主要有以下几点：①个大质优，规格整齐，虾苗全长应达到0.8～0.9厘米。②活力好，反应敏捷，逆水能力强。③体色正常，胃肠食物充塞饱满，体表洁净，无附着物。④虾苗生长快，变态发育正常。选购虾苗时最好进行2次观察，第一次是虾苗发育到仔虾第6期，第二次是仔虾第10期。比较2次观察情况，若虾苗整体规格有明显增长，说明其摄食旺盛，生长正常；如果发现虾苗个体规格没有明显变化，说明虾苗摄食差，生长发育不正常。⑤不携带病毒。放苗前2～3天，对欲选购的虾苗进行抽样，送有关部门检测其是否携带病毒。

（2）确定合理的放养密度　虾苗放养密度决定着养殖对虾的产量和质量，甚至关系到养虾的成败。合理的放养密度应根据虾池的条件、增氧设施、水源水质和技术管理水平等综合考虑。如虾池条件好、水源充足、水质良好、有配套的提水设备和完善的中央排水系统、每亩养殖水面设置1台增氧机，盐碱水养殖放养密度通常为3万～5万尾/亩。

7. 水质和底质调控

养殖之前应对水体的pH、碳酸盐碱度、盐度及K^+、Na^+、Ca^{2+}、Mg^{2+}、Cl^-、SO_4^{2-}、CO_3^{2-}、HCO_3^-进行测定，视情况进行水质改良和调控，使之达到前述对虾对水质的要求。在对虾高密度养殖生产中，由于对虾代谢的排泄物、残饵以及其他生物尸体的影响，池塘水质和底质条件会发生不同程度的恶化，增大了环境的压力。轻者影响对虾的生理功能，降低摄食量与生长速度；重者造成对虾的中毒死亡。此外，由于环境压力增大、对虾体质虚弱、抗病能力降低、水中病原生物增多，对虾极易发病，放养成活率降低，甚至导致养殖的失败。因此，加强虾池水质、底质的调控是凡纳滨对虾高产养殖技术的重点和难点。水质、底质的调控和改善主要是通过以下几方面的技术措施来实现。

（1）保证充足的溶解氧　增氧是改善水质、底质和提高对虾养殖产量的最有效手段。增氧机的功用主要有两方面：一是增加气水接触面积，让更多的氧溶入水中，增加养殖水体的溶解氧；二是搅动水体，形成水流，促进池塘底层水和表层水的混合对流，提高底层水的溶解氧量，促进池内有机物的氧化分解，减少底层水中硫化氢、氨等有害物质的含量。在养殖生产的中、后期，同时开动多台增氧机，可在虾池中形成同一方向的环流，使对虾的排泄物和其他有机物较集中地积累在池中央的底部，并通过中央排水系统将其排出池外，改善对虾栖息环境的生态条件。

增氧机应在了解其功能、作用原理的基础上，根据虾池的条件进行选用。例如，比较浅的虾池（水深 1.5 米以下）可选用水车式增氧机；水深 1.5 米以上的虾池最好同时选用水车式增氧机和螺旋桨射流式增氧机，按 1∶1 的比例搭配使用。增氧机安装的位置和角度应有利于污物在虾池中央底部积聚和缩小虾池中央不流动水面的面积。

在养殖生产过程中，不能机械地每天定时开机，而应根据天气、水质、底质的变化，结合对虾的放养密度和个体规格的不同，灵活开机使用。在藻类光合作用较强的中午前后开动增氧机是十分必要的，除了直接增加溶解氧外，更重要的是通过增氧机强烈搅动池水，形成水流，促进池水上下混合对流，将溶解氧丰富的表层水带到池底，提高底层水的溶解氧，同时又将无机盐类含量较丰富的底层水带到表层，促进藻类的稳定生长，起到互补作用。通常认为在晴天中午前后开动增氧机是最有效、最经济的增氧措施。除此之外，在阴雨天气和池水透明度突然变大的情况下，由于藻类的光合作用减弱，产氧减少，池水的溶解氧较低；在无风炎热的天气，池水分层现象较明显，池底亦较易发生缺氧。若遇上述情况，应尽量多开增氧机，并结合换水或采取其他处理措施，防止缺氧现象的发生。

（2）提高虾池的排污性能　对高密度精养的虾池来说，养殖中、后期随着对虾个体的长大，日投饲量不断增加，池塘的有机物负荷也不断增大，出现不同程度的污染。必须提高虾池的排污性能，才能获得较理想的调控效果。

提高虾池的排污性能主要是通过以下几方面的管理措施来实现：一是建立中央底部排水系统；二是将池塘底部修筑成锅底状，池底坡度为1∶100；三是增氧机安装的位置和角度应尽量有利于整个水体的对流运动和污物在虾池中央底部的积聚；四是养殖中、后期，每天的排水、排污应分少量多次进行，提高排污效果。养殖尾水应经过净化处理后达标排放或循环利用。

（3）有益微生物的应用　在对虾养殖池中，对虾以及池中的其他生物不断排出一些代谢产物并积累于水中，这些物质对养殖对虾本身是有害的，当其在养殖水体中达到一定量时，会严重影响对虾的正常摄食和生长。

养殖中、后期，为促进虾池的物质循环，降低有机物污染程度，通常使用一些有益微生物以达到净化水质和底质的目的。实践证明，若在使用以异养型细菌为主的微生物时，同时施用适量的光合细菌（以自养型细菌为主），利用自养型光合细菌吸收利用水中富裕的无机盐类，既可达到改善、净化水质、底质的目的，又有助于维持水色的稳定。

8. 饵料投喂

饵料应以人工饲料为主。虾苗放入池塘半个月以内，主要摄食池塘内的基础饵料，应不投或少投饲料；半个月以后，开始投喂人工饵料，投饵量应依照虾的蜕壳、健康状况和大小，以及底质、水质、天气等适当调整，做到合理投饵，投多不仅浪费而且污染水质，投少影响生长。

（1）底质　池塘底质生产力高，能大量繁殖底栖藻类及螺类时，可以减少人工饲料的投入；底质天然生产力低时，则要增加人工饲料。

（2）水温、水质及天气　水温适宜（23～32℃）时，凡纳滨对虾摄饵量随之增加，此时可酌量增加投饵量；但水温高于34℃或低于18℃时应少投或不投。水质不良时少投或不投。下雨、寒流侵袭（降温5℃以上）或6级风以上时不投，雨后1小时再投。

（3）对虾蜕壳及健康状况　对虾蜕壳前摄饵量开始减少，蜕壳当日即停止摄饵，蜕壳后摄饵量大增。因此，必须随时观察其蜕壳情况而增减投饵量。此外，若有虾病发生，亦应减少投饵量。

（4）根据残饵酌情做适当调整　池内设置饵料台，参考有关投饵量表（表3-1），勤检查、勤观察。一般在投饵后2小时有较多残饵，则要减少投饵量；若投饵后1小时内饵料已全部吃光，则适当多投一些。同时结合虾胃饱满度、生长度、肥满度等，准确掌握投饵量。

表 3-1　半精养条件下凡纳滨对虾的投饵量

对虾大小（克/尾）	所投饵料（干重）占对虾体重百分比（%）	日投饵量（千克/亩）	配合饲料粒径（毫米）
<1（约 4 厘米以下）	15	摄食池内基础饵料	0.05～0.5
4（约 4 厘米）	9.8	4.18	0.5～1.5
8（约 7 厘米）	6.5	5.48	0.5～1.5
12（约 10 厘米）	4.7	6.02	0.5～1.5
16（约 10.5 厘米）	3.8	6.48	1.8～2.0
>20（约 11.5 厘米以上）	3.2	6.83	1.8～2.0

（5）注意事项　根据凡纳滨对虾的生活习性，坚持勤投少喂，傍晚后和清晨前多喂，烈日条件下少喂。养殖前期摄食池内基础饵料生物如卤虫、鱼虫、红线虫等，若池内饵料生物少，酌情投喂配合饲料，每天分 2 次投喂（5:00、19:00）；养殖中后期，每天分 4 次投喂，时间为 6:00、12:00、18:00、24:00。夜间投饵量为全天的 70%，白天为 30%；正常情况下对虾饱胃率达到 60%～70%为宜；投饵 1.5 小时后空胃率超过 30%，则需增加投饵量。

如虾池中生物饵料不丰富，可酌情投喂鱼虫。

9. 病害防治

（1）白斑综合征　属病毒性疾病。病虾胸腹部常有白色或暗蓝色斑点，发病后期虾体皮下、甲壳及附肢都出现白色斑点，甲壳软化，头胸甲易剥离，壳与真皮分离。

防治方法：种苗须经过病毒检测确定无携带后，才能进入养殖环境；投喂优质的全价饲料，并在饲料内添加多糖、维生素 C；每 5～7 天向养殖水体全池泼洒溴氯海因 0.5～0.6 毫克/升 1 次；在养殖水体内使用生物制剂，以保持水环境的稳定。

（2）红腿病　由弧菌感染造成，主要症状是附肢变红（游泳足更加明显），头胸甲鳃区呈黄色，病虾多在池边慢游，厌食。游泳足变红是红色素细胞扩张造成的，鳃区变黄是甲壳内面皮肤中的黄色素细胞扩张形成的。

防治方法：对虾放养前，须采用生物、物理及化学的综合方法进行清塘处理；在高温季节，定期向养殖水体泼洒光合细菌及活化沸石粉，其用量分别为2～5毫克/升及10毫克/升；全池泼洒溴氯海因0.5毫克/升。

（3）丝状细菌病　由毛霉亮发菌（发状白丝菌）和硫丝菌引起，主要与养殖环境的水质及底质恶化有关，通常当池水呈富营养化时极易发生。丝状细菌生长在对虾的鳃丝、附肢刚毛、游泳足上，严重时甲壳表面也可看到。由于鳃丝上着生丝状细菌及其他污物，影响虾呼吸功能，从而使病虾生长缓慢，并易因缺氧而死亡。

防治方法：保持水质及底质的清洁，放养前必须经过彻底清塘；放养密度切勿过大，并适当增加换水量；饲料内应适量添加“脱壳素”，以促使对虾正常蜕皮及生长，可全池泼洒聚维酮碘溶液（Ⅱ）1.0～1.5毫克/升。

（4）肠炎病　主要是由嗜水气单胞菌感染导致，其症状是消化道呈红色，有的虾胃也呈红色，中肠变红并肿胀，直肠部分外观混浊，与其他内脏界限不清。病虾活力减弱，厌食，生长慢，但未发现死虾。

防治方法：首先全池泼洒溴氯海因0.3毫克/升，待3天后全池泼洒硝化细菌1.0毫克/升；在饲料内添加“肠炎停”，添加量为1%，连续投喂3～5天即可。

（5）黑鳃病　细菌感染，水体重金属、氨、亚硝酸盐污染，食物中长期缺乏维生素C可引起黑鳃病。其症状为病虾鳃区呈一条条的黑色，镜检可见鳃丝坏死，轻者呈深褐色，重者变黑色。坏死的鳃丝发生皱缩。黑鳃病多发生在池底严重恶化的虾池或有工业废水污染的海区。坏死的鳃丝失去呼吸机能，从而影响虾的摄食和生长，一般在蜕皮时死亡，或在低溶解氧时大批死亡。

防治方法：采用次氯酸钠全池泼洒，用水稀释300～500倍后每立方米水体用1～1.5毫升。

（6）纤毛虫病　在对虾养成阶段的固着纤毛虫主要是聚缩虫。此病在有机质多的水中极易发生，当固着性纤毛虫少量附生于虾体时，症状并不明显，对虾也无病变，但当虫体大量附生时，对虾的鳃、附肢等呈黑色，体表呈灰黑色绒毛状，病虾在早晨浮于水面，反应迟钝，不摄食，不蜕壳，生长受阻。纤毛虫病的主要危害是影响对虾的呼吸，在低溶解氧的情况下更易大批死亡。

防治方法：全池泼洒纤虫净0.8～1.0毫克/升；在养殖阶段经常采

用光合细菌改良水质。

（7）软壳病　对虾患软壳病的原因主要为：投饵不足，对虾长期处于饥饿状态；池水 pH 升高及有机质下降，使水体形成不溶性的磷酸钙沉淀，虾不能利用磷；换水量不足或长期不换水。杀虫剂可抑制甲壳中几丁质的合成，有机磷杀虫剂也可引起对虾的软壳病。患病虾的甲壳薄而软、与肌肉分离、易剥落，活动缓慢，体色发暗，常于池边慢游。体长明显小于正常虾。

防治方法：改善养殖水质；饲料内添加磷酸二氢钙，其添加量为1%；培养藻类，降低水体酸碱度。

（8）红体病　这是对凡纳滨对虾养殖危害较大的病害，引起凡纳滨对虾的红体有多方面的原因。对虾感染白斑综合征病毒、桃拉综合征病毒、弧菌都有可能出现体色变红的症状，但当养殖环境恶化时也会引起凡纳滨对虾的体色发红。所以当虾池中个别虾体出现红体症状时，应从多方面寻找病因，再针对主要原因对症下药或采取综合处理措施来控制病情的发展。养殖生产中，红体症通常是采用消毒水体，改善水质及内服抗生素、抗病毒药物的综合治疗方法。实践证明，虽然凡纳滨对虾红体症对养殖生产危害很大，但只要能及时发现，及早采取综合的处理方法，病情大多可以得到有效控制。

（9）桃拉综合征　患病虾肝胰腺肿大、变白；红须、红尾，体色变茶红色，镜检发现红色素细胞扩散变红；病虾不吃食，在水面缓慢游动，捞离水后死亡。染病初期大部分病虾靠边死亡；部分病虾甲壳与肌肉容易分离，头胸甲有白斑；大部分病虾肠道发红，并且肿胀，镜检肠壁压片后会发现红色素细胞扩张；久病不愈的病虾甲壳上有不规则的黑斑。

预防措施：调整虾池水质平衡及稳定，pH 维持在 8.0～8.8，氨氮 0.5 毫克/升以下，透明度维持在 30～60 厘米；每 10～15 天（特别是在进水换水后）应及时用溴氯海因 0.5 毫克/升全池泼洒消毒池水，通常在养殖 30 天后的早上采用 PVP-I 0.4 毫克/升全池泼洒消毒。

第四章 养殖实例或生产经营案例

近年来，盐碱水养殖成为我国水产养殖空间拓展的重要方向之一，通过技术研发和示范推广，在西北、华北、华东、东北等盐碱水土分布主要区域积累了一定经验。本章梳理了15种盐碱水养殖的主要模式案例，以期为盐碱水养殖的发展和生产提供参考。

第一节　西北地区——宁夏盐碱池塘大宗淡水鱼类养殖

一、盐碱池塘鲤高效养殖模式

宁夏回族自治区水产品产量占西北五省（自治区）的38%，人均水产品占有量为19千克，是西北五省（自治区）人均水产品占有量的6倍，除供应宁夏境内消费，还外销至甘肃、青海、内蒙古等地。宁夏水产养殖品种主要以大宗淡水鱼为主，其中鲤养殖面积和产量占总量的60%以上。银川综合试验站通过国家大宗淡水鱼产业技术平台，引进新品种福瑞鲤开展盐碱水养殖推广，取得了一定的成绩，本节以福瑞鲤为主要养殖品种，介绍一种适合宁夏地区的高效养殖模式——福瑞鲤盐碱池塘高效健康养殖模式，该模式旨在通过合理搭配品种，选取适宜盐碱水养殖的投入和产出水平的养殖方式，使用高效无公害饲料及无残留绿色药品，最大限度地减少养殖过程中废弃物的产生，使各种资源得到最佳利用，所产出的商品鱼规格符合市场大众消费习惯，从而使渔民获得更高的经济效益。

1. 养殖池塘的基本要求

池塘要求注排水方便，环境安静，阳光充足，养成商品鱼的池塘面积一般以7～20亩为宜，池深1.5～2.5米，每口池塘配备2台3千瓦叶轮式增氧机和1台投饵机，每年进行池塘清淤。

2. 鱼苗放养

鱼苗放养前 7 天做好消毒清塘工作，采用三年养成模式，即从鱼苗到商品鱼整个过程需要 3 年时间，同一口池塘应放养规格整齐的鱼种，具体放养规格及密度见表 4-1。

表 4-1 主养福瑞鲤三年养成模式放养规格与密度

品种	第一年		第二年		第三年	
	规格(克/尾)	密度(尾/亩)	规格(克/尾)	密度(尾/亩)	规格(克/尾)	密度(尾/亩)
福瑞鲤	5～10	2 000～3 000	250～300	1 000～1 500	750～1 000	600～800
鲫	5～10	1 000～1 500	50～75	800～1 200	150～200	600～800
鲢	5～10	800～1 000	200～250	300～400	750～1 000	150～200
鳙	5～10	500～600	200～250	200～300	750～1 000	80～150

每年鱼苗的投放时间为 5 月上旬，苗种为本地经认证的福瑞鲤良种繁育场繁育的乌仔，培育开始阶段可选择面积为 3～5 亩的池塘，培育 20～30 天后分塘，根据池塘条件并参照表 4-1 提供的放养密度范围自行调整。养至第二年 8 月，福瑞鲤平均规格达 1.2 千克/尾时，养殖户可售出部分成鱼降低养殖风险，其余的可继续养殖到第三年规格达 2.5 千克/尾时销售。

3. 水质调控

水质的好坏，可以根据池塘水的透明度、水色、水的肥瘦、鱼的吃食情况等来判断。盐碱池塘应注意养殖中后期蓝藻水华暴发。养鱼优质水的透明度应保持在 20～30 厘米。水色呈茶褐色、淡黄色、淡绿色较好；水色呈蓝绿色、浓绿色、灰色或红色时，表示水质较差，应换注新水进行改良。换水时，可每天排出 15～30 厘米池水，并加注 20～30 厘米新水，连续换注 3～5 天即可。

4. 科学使用增氧机械

增氧机的使用应遵循中午、夜间及阴雨天开启，下午和傍晚不宜开启的规律。尤其在 7—9 月高温季节，应适当延长中午开机时间，将上层过饱和的氧气及时输送到下层，使池塘底层水溶解氧增多。如遇雷暴雨天气，应连续开启增氧机到日出后关机。

5. 饲料投喂

福瑞鲤的安全高效养殖，关键是要使用优质配合颗粒饲料，使用的饲料应符合 SC/T 1026—2002 和 NY 5072—2002 的规定。根据鱼苗的不同生长阶段选择投喂开口料、幼鱼料和成鱼饲料。

日常饵料投喂应遵循“四看四定”原则，“四看”即看季节、看天气、看水质、看鱼的活动情况，“四定”即定时、定点、定质、定量。根据鱼体规格计算出福瑞鲤存塘量，再根据投饵率表，计算出当天的投饵量，并依水温变化选择合理的日投饵量，再根据天气、水色、鱼类活动及摄食情况酌情增减。实际生产中可每 7～10 天计算调整 1 次投饵量。

6. 病害防治

在整个养殖过程中，应坚持预防为主、防治结合的原则，早发现，早预防，早治疗。预防工作主要包括：鱼种放养前，彻底清塘消毒；鱼种入池前应检疫、消毒；饲养过程中应注意环境的清洁、卫生；拉网操作要细心，避免鱼体受伤等。发现鱼病应及时检查确诊，对症下药。药物的使用应符合 NY 5071—2002 的要求。

7. 日常管理

切实按照健康养殖操作规范做好池塘日常管理。坚持早、晚巡塘，观察水色变化，有无浮头及病害情况，并根据实际情况决定是否调水和开增氧机的时间。做好池塘日志，观察和记录鱼吃食与活动情况。发现鱼活动、吃食异常，及时撒网检查、对症处理，保证池鱼健康快速生长。

8. 越冬管理

越冬前 1 个月，应适时调整饲料成分比例，使饲料中脂肪的含量增加 5%左右，蛋白质的含量降低 5%左右，同时适当增加饲料中维生素 C 和维生素 E 的含量，以增强鲤体质。停食前 5～7 天全池消毒以杀死寄生虫和大型浮游动物，防治鱼病，降低耗氧量，并增加水位至 2.5～3.0 米。封冰至 20 厘米以上时，及时开凿冰眼定期检查水质情况，如遇冰雪应及时清扫。

二、盐碱池塘草鱼高效养殖模式

草鱼作为我国传统的养殖品种，因其味道鲜美、养殖成本低而深受广大养殖户及消费者喜爱。近几年，宁夏地区草鱼出塘价格稳定，经济效益较高，养殖规模稳中有增，然而本地常规养殖草鱼都是以混养为主，3年才能养成，成本高，资金占用时间长。本模式是一种两年养成的高效快速养殖模式。

具体做法是不再从南方进早苗，而是根据宁夏地区自然条件下亲鱼性成熟情况，6月繁出水花，高密度育苗到秋后养成5厘米的小苗，来年供给养殖户，彻底实现苗种本地化的健康需求。这样不但使养殖户缩短了1年的养殖周期，规避养殖风险，提高了池塘利用率，也可使本地苗种繁育场有新的经济增长点，达到双赢的目的。

1. 池塘要求

池塘面积以7～15亩为宜，水深2.0～2.5米，淤泥厚度不超过20厘米。每口池塘配备2台3千瓦叶轮式增氧机和1台投饵机。冬季排干池水，冻晒20天以上。鱼种放养前15天，进水10～20厘米，每亩用生石灰150千克清塘消毒。

2. 鱼种放养

每年4月中旬，养殖户从本地苗繁场购进5厘米苗种，使用3%～5%的食盐水对鱼种进行消毒处理，时间控制在5～10分钟，以杀灭寄生于鱼体表及鳃上的病原菌、寄生虫，然后用草鱼出血病灭活疫苗免疫，并参考表4-2的放养密度进行放养。

表4-2 草鱼两年养成高效养殖模式放养规格与密度

品种	第一年		第二年	
	规格（克/尾）	密度（尾/亩）	规格（克/尾）	密度（尾/亩）
草鱼	25～50	1 200～1 500	400～500	600～800
鲫	20～30	300～400	200～250	300～400
鲢	20～30	1 500～2 000	200～250	800～1 200
鳙	20～30	300～400	200～250	200～300

3. 饲料投喂

以投喂颗粒饲料为主，饲料蛋白质含量在28%～32%，辅投苜蓿等青绿饲料。饲料投喂遵循“前粗后精”和“四定四看”的原则，一般每天投喂2次，以1小时内吃完、草鱼摄食八成饱为宜。连续投喂颗粒饲料一段时间后，应停喂颗粒饲料1周，间隔期内投喂原粮饲料。平时注意在饲料中适量添加维生素等药物，提高草鱼在盐碱水中的免疫力，避免草鱼患肝胆综合征等疾病而造成大量死亡。

4. 水质管理

正确使用增氧机，晴天无风天气，每天13：00—15：00开机增氧2小时，凌晨适时增氧，连续阴天应提早增氧。适时向池塘加注新水，采取“小排小进、多次换水”的办法逐步调控水质。每隔15～20天每亩水面每米水深用生石灰10～20千克化浆全池泼洒1次。

5. 病害防治

通常草鱼“三病”（肠炎、烂鳃、赤皮病）会并发，以前发生过草鱼“三病”的池塘应改养其他品种。病害防控应以预防为主，注重日常消毒管理。发生“三病”时，一般采取内服外泼相结合的治疗方法，外泼以含氯石灰（水产用）等消毒剂为主，连用3天，内服以三黄粉（大黄50%、黄柏30%、黄芩20%，碾成碎粉后搅匀）药饵效果较好，每50千克鱼体重用三黄粉0.3千克与面粉糊混匀后拌入饲料中投喂，连用3～5天。

6. 日常管理

切实按照健康养殖操作规范做好池塘日常管理。坚持早、晚巡塘，观察水色变化，并根据实际情况决定是否调水和开增氧机的时间。做好池塘日志，观察和记录鱼吃食与活动情况。发现鱼活动、吃食异常，及时撒网检查，对症处理，保证池鱼健康快速生长。适时将大规格成鱼起捕上市是草鱼高产养殖的重要措施，主要目的是降低池塘水体的载鱼量，促进后期池鱼快速生长。

7. 越冬管理

水温在20℃以上时加强秋季培育，当水温低于15℃，不必再投饲料。鱼种在越冬前应先拉网锻炼1～2次，拉网前应停食3～5天，再并塘。成鱼及亲鱼的放养密度最好不超过2千克/米^3。定时加注新水增加溶解氧，防止渗漏，保持一定水位，以提高水体温度。冰封池塘要及时扫雪和打冰眼。

三、盐碱池塘鲫高效养殖模式

鲫肉嫩味美，含丰富的人体必需氨基酸，既是餐桌上的佳肴，也是传统的保健食品，对营养性水肿、脾胃虚寒和妇女产后体虚、催乳有较好功效，同时鲫还具有适应性强、食性杂、病害少的良好养殖特性。宁夏地区盐碱水鲫养殖分为主养和混养两种模式，养殖品种有异育银鲫“中科3号”、异育银鲫“中科5号”和黄金鲫等，下面介绍宁夏地区盐碱池塘异育银鲫“中科3号”高效主养模式。

1. 池塘条件

异育银鲫“中科3号”属于典型的底层鱼类，喜欢在水底活动，主养池塘面积以5～7亩为宜，要求池塘底质较硬，一般淤泥厚度在10厘米以内，超过10厘米时必须清淤，池埂坚实不漏水，水深2米以上，建有比较完善的进排水渠道，灌得进、排得出。配备投饵机和3千瓦增氧机各1台。

2. 苗种放养

异育银鲫“中科3号”苗种来源于银川综合试验站良种繁育基地，培育至乌仔阶段可供广大养殖户放养，鱼苗下塘前10～15天，进行鱼池修整、清淤消毒，放养规格与密度见表4-3。

表4-3 异育银鲫“中科3号”高效主养模式放养规格与密度

品种	第一年		第二年	
	规格	密度（尾/亩）	规格（克/尾）	密度（尾/亩）
异育银鲫“中科3号”	乌仔	5 000～10 000	50～75	2 000～3 000
鲢	乌仔	2 000～3 000	150～200	500～800
鳙	乌仔	1 000～2 000	150～200	200～300

3. 饲料投喂

异育银鲫“中科3号”是杂食性和广食性鱼类，池水中的轮虫、枝角类、桡足类、硅藻、高等植物种子都是其良好的天然饵料，高效主养模式以蛋白质含量28%～35%的人工配合饲料为主要饵料，饲料投喂要做到定质、定量、定时、定点，日投饲率为存塘鱼体重的1%～3%，每次投喂量以1小时内吃完为宜，而且要根据水温、天气、鱼的活动情况灵活变动。

4. 水质管理

异育银鲫“中科3号”的适宜pH范围为7.0～9.0，可在养殖过程中不定期使用生石灰来调节。每10天左右换水1次，换水量为每次15厘米左右。增氧机在晴天中午、阴天清晨、连续阴雨天夜间开启，以保证池水溶解氧在5毫克/升以上。有条件的池塘最好每15天使用1次有益菌，如EM菌、光合细菌等改良池水环境，防止盐碱水养殖中后期蓝藻暴发。

5. 病害防控

鱼病防治坚持“以防为主，防重于治”和“无病早防，有病早治”的病防方针，定期做好卫生清洁、工具消毒、食场消毒、全池泼洒药物和投喂药饵等防病措施，避免鱼病暴发。生长期间每半个月左右用含氯石灰（水产用）全池泼洒1次，以预防出血性败血症等病毒性、细菌性鱼病。

6. 日常管理

坚持每天早晚巡塘，了解池塘水质变化、鱼类吃食、病害等情况。如发现死鱼，应检查死亡原因，及时捞出深埋处理。做好日常养殖生产记录和日志。

7. 轮捕轮放，捕大留小

异育银鲫“中科3号”高效养殖模式应遵循“一次放足，分期捕捞，捕大留小，边捕边放”的原则，捕捞时间因放养数量及规格、市场行情、投饲情况而定，一般在养殖第二年6月底开始起捕，1～2次/月，每次起捕量占全池存塘量的30%左右。每次起捕后补放鱼种，鱼种投放时应注意规格要尽量大，投放前要浸泡消毒，另外，要根据鱼池存塘鱼数量补充相应种类。

第二节 西北地区——宁夏棚塘接力盐碱水凡纳滨对虾养殖

一、背景情况

宁夏地处西北内陆，日照丰富，昼夜温差大，降水少，蒸发量大，无霜期短，土壤盐碱化严重，盐度多在2～18，盐碱地域农业生产产量和效益低。2010年宁夏地区开始利用盐碱地资源推广日光节能温棚凡纳滨对虾养殖模式，截至2016年，宁夏地区凡纳滨对虾温棚养殖面积达21.6万米^2。由于西北地区海拔高、昼夜温差大、日照辐射强度高等因素影响，浅塘、小框架结构温棚，在高温季节养殖水体藻类过度繁殖，且水体代谢缓冲能力较差，pH高，养殖水体变化快，影响虾苗生长，尤其是在养殖后期水体亚硝酸盐超标会引起虾慢性中毒，出现软壳死虾现象，加上优质虾苗苗种供应缺乏、生产管理措施不到位等因素，温棚养殖效益明显下滑，极大地挫伤了养殖户的积极性。2016 年开始在宁夏地区探索一套行之有效的凡纳滨对虾棚塘接力养殖模式（图 4-1），通过不断完善总结养殖管理技术，取得较好的经济效益。

图 4-1　宁夏棚塘接力盐碱水对虾养殖

二、实施地概况

银川市某渔业专业合作社位于银川市兴庆区掌政镇。2015 年合作社流转闲置的盐碱荒地 220 亩，新建凡纳滨对虾养殖大棚 23 栋，面积 1.6 万米^2，蓄水沉淀池 1.2 万米^2（养殖场旁边水稻田四周开挖环沟），开挖鱼塘 46 亩。架设安装 160 千伏安变压器 1 台，购置备用 160 千伏安柴油发动机组 1 套，安装 22 千伏安罗茨鼓风机 2 组，并配套变频器等设备。配置 1.5 千瓦叶轮式变频增氧机 10 台（外塘用），1.8 千伏安水车式增氧机 12 台，纳米增氧设施设备 46 套（组）。养殖用水为硫酸盐类盐碱水。

养殖池塘面积均为 8 亩（80 米×66 米），池塘池底平坦，淤泥少，池塘坡比 1∶1.5，最大有效水深 1.8 米，具有独立的进排水系统。养殖场备有蓄水池和微咸水机井，水源充足且符合渔业用水标准。每口池塘配备 1.5 千瓦变频式增氧机 2 台。

日光节能温棚为钢结构简易塑料薄膜大棚，棚长 60 米，宽 12 米，塘口平面距棚中心最高点为 4 米。在温棚两侧下方设置宽 1 米的活动通风口，棚膜选用2毫米塑料薄膜，上架后用塑料绳50厘米一档拉紧两头绑定。棚池深1.2米，坡比为1∶1.5，池塘底部为锅底形，在池塘底部最低洼处设置排污口2处，主要用于池塘废物排放、水体交换和起捕虾苗。在温棚正中间架设高于水面30厘米、宽度为50厘米的作业通道，池塘增氧输气管道和池水加热管（虾苗淡化池使用）设置在通道下方。

三、养殖实例

（一）虾苗温棚淡化标粗

1. 放苗前准备工作

每年4月底开始放苗前准备工作。首先修整池坝，清除池中杂物，检查修复进排水系统、棚膜、增氧管道、加热管等生产设施设备。然后排干棚池积水，并进行深耕、曝晒，7天后，加注池水30厘米，选用含氯石灰（水产用）进行池塘消毒，用量25～30千克/（亩・米）。3天后将池水排干，进水口用80目筛绢网袋扎好，隔天重新加注池水至80厘米。虾苗下塘前5天，调节好池水盐度，用比重计进行测试，刻度达到8～10格较为适宜，基本与原育苗场水体盐度接近。准备工作就绪，等待接苗下塘。

2. 虾苗的选择

虾苗质量的优劣是养殖成败的关键，因此选择虾苗时要严把质量关，放养的虾苗必须从正规的虾苗繁育场购买，要求虾苗规格均匀、体质健壮、活动敏捷、无病无伤。

3. 虾苗淡化

养殖场每年5月初空运优质虾苗并开始投苗淡化，每栋温棚（面积约1亩）投苗100万～120万尾。虾苗下塘前1天，全池泼洒维生素C钠粉（水产用）溶液，降低虾苗因环境变化产生的应激反应，提高虾苗成活率。整个虾苗淡化期间，合理开启、调控增氧和加热设备，确保淡化池溶解氧始终在5毫克/升以上，虾池水温26～30℃，水体其他理化指标：pH 8.0～8.6、氨态氮含量≤0.3毫克/升、亚硝酸盐含量≤0.05毫克/升，满足淡化期间虾苗正常摄食、脱壳生长需求。放苗后12小时投喂丰年虫、虾片饵料作为开口饵料，每天投喂饵料6次，丰年虫、虾片各3次，每间隔4小时投喂1次，第一天投喂量为3～5克/万尾，随后每天投喂量递增10%～15%。淡化池第三天开始换水以逐渐降低池水盐度，每天中午排池水8～10厘米，再加注同等量经曝气净化处理后的水，经过7～10天的水体交换，直到淡化池内池水盐度从8～10刻度降到0～1刻度（水体比重计测试），虾苗体长0.8～1厘米时，避开虾苗脱壳期，方可起捕转入标粗池进行大规格虾苗培育。

4. 虾苗标粗

虾苗淡化期间要提前做好标粗池塘清塘、消毒工作，检查修复进排水口、棚膜、电路等设施设备，每口塘除安装曝气增氧设备外，还需配备1.5千瓦水车式增氧机2台。每栋温棚（面积约1亩）投放淡化虾苗40万～50万尾，标粗期间要重点做好水质调控、矿物质补充、合理投喂及日常管理工作。放苗前5天，标粗池注水80厘米，选用EM菌剂进行肥水，调节水色至豆绿色，以肥、活、嫩、爽为宜，池水透明度在30厘米左右。虾苗下塘第二天进行饲料投喂，每天投喂4次，投喂时间点依次为6：00、10：00、14：00、18：00。前10天选用粉状标粗料，投喂量10～20克/（万尾·天），以后每天按10%～15%递增投喂量。10天后改用口径≤0.8毫米的颗粒标粗饲料进行投喂。虾苗标粗期间每3～5天要进行1次肥水和池底改良工作，同时为满足虾苗对矿物质的需求，每间隔3天全池泼洒钙镁精等微量元素产品1千克/（亩·米）；增氧曝气设备24小时运行，白天中午开启水车式增氧机进行曝气，促进水体上下循环；合理调控加热设备，使水温维持在25℃以上；同时每天观察投料台（沉于池底的绢筛）残饵，酌情增减投喂量。虾苗经过20～30天棚池标粗，体长达到3～4厘米，待室外气温正常，水温在20℃以上时，将虾苗适时转入外塘。

5. 日常管理

苗种淡化和标粗期间，棚池需设置遮阴网，白天要通风，晚上要保温，控制温度在25℃左右，严格执行每天早晚巡塘检查的生产管理制度，检查生产设施、设备是否完好和正常运行，观察虾池水质变化和对虾摄食与活动情况，发现虾池转水或病虾慢游等异常情况，应及时采取应急措施。

（二）外塘养殖管理

1. 虾苗的放养

外塘须提前做好清塘、消毒、肥水等准备工作，待室外水温稳定在20℃以上，选择时机适时放养。放养时间为每年6月1日前后，经温棚淡化、暂养标粗的虾苗，规格为3～4厘米，平均放养密度2万～3万尾/亩。

2. 水质调控

水环境质量的好坏直接影响凡纳滨对虾的生长和养殖成活率。由于西北盐碱地区生产用水较为贫瘠，为防止养殖水体矿物质流失，整个养殖周期原则上只加水，不外排。一般情况下每间隔10～15天加水8～10厘米，每间隔7～10天选用EM菌等有益菌剂进行肥水和池底改良。每天进行水质监测，及时掌握水体温度、pH、溶解氧、氨态氮等理化指标变化情况。夜间合理开启增氧机，增加水体载氧量，白天中午开启2～3小时，促进池水循环和充分曝气。

3. 微量元素及能量补充

虾苗体长10厘米之前，由于体质弱、生长快、脱壳频繁，容易出现虾体软壳、应激死亡等现象，养殖过程按“$n+1$”（n为虾苗体长）间隔天数的规律，使用微量元素制剂和葡萄糖酸钙进行矿物质和能量补充；虾苗体长超过10厘米，每间隔15天使用一次，满足虾苗正常脱壳、生长需求。

4. 投饲管理

虾苗下塘后3天开始驯化投喂对虾全价配合颗粒饲料，养殖前期饲料蛋白质要求达到40%，中后期32%以上。日投喂量应根据虾苗数量、水温和摄食情况加以确定，饲料投喂管理遵循“宁少勿多、少量多餐”，投料台内不留残饵的原则（表4-4）。养殖前期每天投喂2次，养殖中后期掌握在3～4次，早晚投喂量占日投喂量的60%～70%，白天投喂量占30%～40%。

表4-4　凡纳滨对虾体长、体重与投饵量（参考表）

体长（厘米）	体重（千克/万尾）	日投饵量［克/（万尾·天）］
3	3.20	100～150
4	7.60	200～250
5	15	400～500
6	25	800
7	40	1 200
8	60	1 500
9	85	1 800

（续）

体长（厘米）	体重（千克/万尾）	日投饵量［克/（万尾·天）］
10	120	2 100
11	160	2 400
12	200	2 600

5. 病害防治

病害防治应以预防为主，做到“无病早防、有病早治、防治结合”。实践证明，调控养殖水质达到爽、活良好状态，可以大幅降低病害发生概率，因此病害防治工作要重点强化水质管理工作，定期使用微生态制剂和底质改良剂进行水质调控，保持良好的养殖水环境质量及稳定性。养殖期间尽量减少抗生素和消毒剂使用量；养殖后期每 15 天左右全池泼洒对虾刺激性小、不破坏水环境的消毒剂，如复合碘等，预防季节性病害发生。

6. 日常管理

养殖期间应关注天气预报，在连续阴雨天和高温闷热季节，虾池要适时泼洒维生素 C 制剂和投放高效缓释型增氧剂，以有效减低环境变化时虾的应激反应和增加虾池溶解氧。

7. 起捕收获

商品虾起捕收获采用地笼诱捕、最后干塘起捕的方法。收获时间根据市场价格和对虾生长情况来确定。凡纳滨对虾规格达到 60～80 尾/千克时即可捕大留小、及时上市，在起捕收获期间不能停止投喂饲料，并要保持适宜的水体溶解氧。

此模式淡化半个月，标粗 25～30 天，池塘养殖 30～35 天即可收获，规格可达 80 尾/千克。

四、经济效益

银川某渔业合作社 2019 年开展棚塘接力养殖，1＃塘亩产 260 千克，总支出64 300元，总产值133 120元，亩均效益8 603元；2＃塘亩产 210 千克，总支出50 720元，总产值107 520元，亩均效益7 100元；3＃塘亩产 310 千克，总支出91 000元，总产值186 000元，亩均效益9 500元；4＃塘亩产 280 千克，总支出86 000元，总产值168 000元，亩均效益8 200元（表 4-5）。

表 4-5 2019 年凡纳滨对虾养殖综合效益统计（银川某渔业专业合作社）

池塘编号	面积（亩）	生产投入支出情况						商品虾收获情况				综合效益情况			
		苗种（元）	饲料（元）	肥料药物(元)	人工（元）	塘租（元）	水电（元）	出塘时间	规格(尾/千克)	亩产（千克）	单价(元/千克)	总支出（元）	总产值（元）	总收益（元）	亩均效益(元)
1#	8	12 000	24 000	12 200	9 000	4 000	3 100	9月6日	50	260	64	64 300	133 120	68 820	8 603
2#	8	8 000	18 920	8 000	9 000	4 000	2 800	9月6日	46	210	64	50 720	107 520	56 800	7 100
3#	10	16 000	37 600	18 800	9 000	5 000	4 600	9月15日	52	310	60	91 000	186 000	95 000	9 500
4#	10	14 000	35 200	18 200	9 000	5 000	4 600	9月15日	50	280	60	86 000	168 000	82 000	8 200

注：①生产用肥料是以多种微生物为主要成分的生物肥料；②药物包括中草药消毒剂、内服制剂、水体微量元素补充剂、底质改良剂及增氧制剂等。

2016—2019 年示范推广凡纳滨对虾棚塘接力养殖模式，连续 4 年，取得平均亩产 265 千克，最高亩产 310 千克，亩均效益8 000元以上的良好效益。

五、生态效益

实践证明，推广示范凡纳滨对虾棚塘接力养殖模式产生了良好的生态效益。首先，可以加快荒滩地洗盐排碱速度，有效降低土壤盐碱含量，并且通过养殖生产实现盐碱地有机质含量提高 30%以上，具有显著地改良土壤、修复生态环境和提高土地资源利用率的作用。其次，该养殖模式用水量少，整个养殖周期棚池、外塘水资源实现循环利用，少量生产尾水经沉淀、净化，达标后排入盐碱地稻田进行综合利用。再次，生产过程中使用的肥料、渔药等投入品以微生态制剂和中草药制剂为主，水产品质量及生态环境保护成效显著。因此，凡纳滨对虾棚塘接力养殖模式具有高效节能、绿色环保、产业提质增效的作用，具有广阔的发展前景。

六、社会效益

凡纳滨对虾棚塘接力养殖模式通过实践总结，养殖技术日趋成熟，解决了宁夏地区对虾虾苗成活率低、养殖风险大、生产效益不稳定等问题。同时合作社通过开展凡纳滨对虾养殖示范推广、科技培训、优质虾苗供给等服务工作，提高了当地凡纳滨对虾棚养殖管理水平，为优化当地渔业结构、促进渔业高质量发展发挥了积极的示范带动作用。凡纳滨对虾棚塘接力养殖模式的示范推广，可有效辐射带动当地农户规模化从事凡纳滨对虾养殖，养殖面积每年呈10%递增，养殖效益高于常规大宗淡水鱼类品种，人均增收8 000元以上，同时，随着养殖技术进一步完善、养殖规模扩大，将实现鲜活凡纳滨对虾本地化供给，丰富城乡居民“菜篮子”，满足城乡居民对绿色健康名、特、优水产品的需求，对推进新农村建设战略具有十分现实的意义。

第三节　西北地区——甘肃盐碱回归水流水养殖

甘肃景泰县位于甘肃省中部，是黄河中上游重要的高扬程灌溉农业区。长期大水漫灌、有灌无排及干旱少雨，造成土地次生盐碱化。昔日的良田沃土变成了“夏季水汪汪、冬天白茫茫”的荒芜之地，全县曾有约1万建档立卡贫困人口生活在盐碱危害区，不少农户房屋墙体开裂或地基下沉，人民群众的生产生活受到严重影响。景泰县地表咸水是浅层地下水（灌溉回归水）富集到低洼地带，形成水面或通过沟渠形成地表径流，主要分布在上沙沃镇白墩子盆地和芦阳镇、中泉镇。其中，上沙沃镇白墩子盆地为周边基岩环抱的封闭型盆地，水无法排出，形成一定的水面；芦阳镇、中泉镇地表咸水可由沟渠排入黄河，均为长流水，适宜流水养殖鲑鳟、鲟等品种（图4-2）。

图4-2　甘肃盐碱回归水流水养殖

一、养殖场选址

要求所用水源稳定、不断流，水质无污染，电力供应稳定，无洪水。

二、养殖场建设

1. 养殖池的种类

根据养殖场实际情况，建设孵化车间、鱼苗池、鱼种池和成鱼池。

2. 孵化车间

孵化车间采用彩钢板修建，房顶为人字形结构，地坪用C30混凝土浇筑并留好排水槽，配套玻璃钢孵化缸。孵化车间在实际生产中可适当交互使用，也可用于养殖稚鱼。

3. 鱼苗池、鱼种池、成鱼池

养殖池根据现场的地形、地势设计成长方形，便于水的交换，使池中的水流畅通，没有死角，同时也有利于饲养管理和捕鱼等。单池长30米、宽5米、深1.1米，池边用混凝土浇筑，横向墙体宽度为0.6米，纵向墙体宽度为0.3米，混凝土强度为C30，混凝土中预埋8毫米、14毫米螺纹钢各2根；池底浇筑0.2米厚混凝土。池底向排水口的纵向坡比0.5%～2%，横向坡比3%～5%。

4. 出鱼槽

在鱼苗池和鱼种池、鱼种池和成鱼池之间各留3米宽的出鱼槽1个。

5. 给排水系统

(1) 进水口　建设模式为单面闸板，混凝土池壁前侧预埋宽5厘米、深5厘米槽钢。进水口宽1米、高1米，每口池3个。

(2) 溢流口　建设模式为双面闸板，混凝土池壁前后两侧各预埋宽5厘米、深5厘米槽钢。溢流口宽1米、高1米。

(3) 排污口　设置在池底下游左角，用160毫米的PVC管采用拔插式控制。每个池子设置1个排污口，同排鱼池串联至池塘左侧的排污主管道。污水通过160毫米的PVC主管道汇集至下游排水沉淀池。

6. 水位控制与防逃设施

进水口、溢流口和排污口应设防逃网，以控制水位和防鱼逃逸。溢流口上的挡水横板应由多个15厘米高的挡水板组成，可根据水深要求增减挡水板，长度视进排水口宽确定。

防逃网形状有片状、筒状和钟罩状等多种，根据放养规格选择相应的网目，覆盖一层网片。一般刚孵化的苗种用20～30目的网片；1厘米以上的鱼苗用10～15目的网片；3厘米左右鱼种用4～6目的网片。

7. 孵化用水及水温调节

孵化用水为抽取盐碱回归水。基地水温12℃，溶解氧>7毫克/升，氨氮、亚硝酸盐检测无。

三、鱼苗孵化

景泰县鲑鳟鱼苗孵化采用空运鲑鳟发眼卵进行室内培育。孵化用玻璃钢平列槽，规格为长3.1米、宽0.55米、深0.30米，每个槽内放置长0.55米、宽0.45米、高0.30米小槽5个。发眼卵孵化前用高锰酸钾对所有用具浸泡消毒并冲洗干净。

孵化时间为11月至翌年5月上旬。

发眼卵运输至养殖基地，测量温度，用孵化水逐步降温或升温，放入消毒盆中反复换水3次，适应10分钟，在10升水中加入聚维酮碘溶液（Ⅱ）50毫升浸浴发眼卵15分钟。每个小槽放发眼卵1万粒，平铺底部。水流量15升/分钟。由于采用浅井抽取的盐碱回归水，水质相对稳定。每日上午拣出平列槽内的死卵，并观察记录孵化情况。

7天左右发眼卵出现破膜时，应加大水流至20升/分钟，加强管理，及时清理卵皮及死鱼，刷洗槽孔，保持水流通畅。刚孵化出的仔鱼体质弱，伏于槽底，靠吸收卵黄囊营养继续发育。仔鱼经15～20天，卵黄囊逐渐吸收，能够在水中游动，并逐渐上浮。

上浮稚鱼转入直径2米、深0.5米圆形玻璃钢孵化池饲养，水深20厘米，每个玻璃缸1万尾，水流量0.2升/秒。投喂缓沉料开口，粒径0.3毫米、粗蛋白≥48%、粗脂肪≥12%。饲喂时间7:00～19:00。稚鱼体重小于0.5克，日投喂8次；体重0.5～1克，日投喂6次；体重1～5克，日投喂4次。适时根据密度分池，体重达到2克以上可分至鱼苗培育池饲养。10克以上鱼苗可出售或转至外塘饲养。定期测量鱼的生长情况，观察鱼的摄食和游泳情况，发现病情及时治疗。

四、成鱼养殖

成鱼养殖单池长30米、宽5米、深1.1米，水深0.4～0.6米，尾水溶解氧保持在4毫克/升以上，溶解氧过低需加大水体交换率。

鲑鳟养殖全程用全价配合饲料，粗蛋白≥40%，粗脂肪≥12%，粗纤维≤5%，粗灰分≤14%，钙 1%～3%，磷≥0.9%，水分≤10%，赖氨酸≥2.4%。日投饵量一般不超过鱼体总重的 3%，每日投饵 2～3 次。

五、养殖结果

2017 年 11 月 25 日引进发眼卵孵化，2018 年 4 月 28 日达到 11.6 克，外塘饲养，2019 年 5 月上旬全部出售，平均体重 0.82 千克/尾，饵料系数 1.36。

2018 年 12 月 5 日引进发眼卵孵化，2019 年 4 月 20 日达到 10.4 克，外塘饲养，因疫情影响，3—5 月每天投喂 1 次，2020 年 6 月中旬体重大于 0.75 千克/尾，池塘装车价格 24 元/千克。

第四节　西北地区——甘肃次生盐碱地台田-池塘渔农综合利用

2016 年景泰县利用盐碱地和盐碱回归水资源发展水产养殖，按照“挖塘降水、抬田造地、渔农并重、修复生态”的思路和做法，在盐碱危害区通过开挖鱼塘、抬高耕地、灌水洗盐的方式，降水位、降盐分，恢复耕地、再造新田，引入凡纳滨对虾、鲑鳟、鲟等耐盐碱品种进行养殖。

一、台田-池塘渔农综合利用模式

通过在盐碱地实施渔农综合利用，抬高土地耕作层，拉大与地下水位的距离，利用台田较高易淋盐碱的原理，使盐碱不能到达台田表面，且由于人为浇水或天然降水，台田中的盐分下降并随水排走，达到改善土壤耕作层的目的。同时还可以利用池塘中的水进行水产养殖。经过种植及改良培肥，台田土壤盐分也淋溶到池塘之中，再造耕地耕作层 pH 和土壤盐碱度逐步降低，作物无法生长的盐碱地即可被利用，开发当年即可种植大麦等耐碱作物。台田-池塘渔农综合利用模式把渔业利用与改碱种植结合起来，使水、土地都获得有效利用，并采取加注淡水、增施有机肥、施用中性和酸性化肥等调节水质的排盐降碱方法，改善水质环境，降低盐碱地危害，把荒芜的盐碱地重新恢复为良田，并遏制住盐碱地的蔓延，有利于解决土地、水资源紧张和水生态环境恶化的境况（图 4-3）。

图 4-3 甘肃次生盐碱地台田-池塘渔农综合利用

1. 选址

选择 1 千米范围内没有污染源的低洼盐碱地，电力应供应充足。

2. 技术措施

台田台面宽 30～50 米，边坡 1∶(1～1.5)，高度 1.8～2 米。台面平整，有田埂，方便蓄水。台田两端设计修建进水渠和排水渠，以便引进淡水和洗盐排碱，防止台田次生盐碱化。

池塘设计为长方形或环形，单个池塘常规标准面积 5 亩以上。池埂平整，主埂面宽度不少于 3 米，支埂面宽度不少于 2 米，池塘埂内坡比按照 1∶(3～5) 建设。池塘蓄水深度达到 1.5 米以上。养殖池塘设置独立的进排水设施，严禁进排水渠道不分开。养殖池塘配有增氧设备、电箱，养殖场内日常生产用的投饵、水质监测等基本设备齐全，使用正常。养殖场区的主干道路畅通，有统一管理房，能够满足生活、储物、饲料垒放需要。开发后池塘与台田面积之比约为 1∶1.5（图 4-4）。

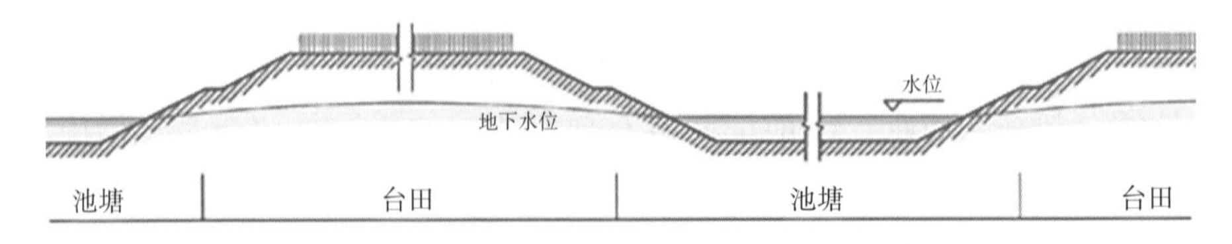

图 4-4 盐碱地台田-池塘渔农综合利用建设示意图

3. 池塘养殖

池塘在投放苗前应检测水体各项指标，符合相关指标后，投放少量苗种试水，投放前应对苗种进行消毒。每亩投放鱼苗1 000尾左右或虾苗20 000尾左右。

4. 台田种植

台田在种植前应通过使用农家肥或有机肥增加再造耕作层有机质含量，根据再造耕作层盐碱度，可以使用土壤改良剂使再造耕作层迅速达到耕作标准。种植作物以耐碱作物为主，通常选择油葵、大麦、芹菜、枸杞等。

二、典型案例

1. 基本情况

景泰县某农业综合开发有限公司位于草窝滩镇三道梁村，交通便利。公司利用弃耕盐碱地，挖池抬田，发展水产养殖业，治理土地盐碱化，改善区域生态环境，带动群众增收致富。现已建成占地 550 亩的集休闲、垂钓、餐饮娱乐为一体的现代农业休闲观光区，其中开挖养殖水面 173 亩，新建台田 294 亩，修建养殖温棚 2 座，面积 2 亩，玻璃日光温室 1 座，面积1 200米^2。引进凡纳滨对虾、大鳞鲃、鲤、黄金鲫、草鱼、鲢、鳙等品种进行盐碱水养殖。

2. 凡纳滨对虾养殖模式

5 月中下旬，景泰地区的“倒春寒”严重影响虾苗投放和成活率，公司采用温棚淡化标粗＋露天塘养的养殖模式进行养殖。

3. 温棚淡化标粗

在长 50 米、宽 14 米的温棚中修建宽 4 米、长 4 米、深 1.5 米的方形淡化池，利用盐碱水、黄河水、微量元素等将池水调节到与海水苗培育用水相同的盐度，投放海水苗 100 万尾，投苗第 3 天抽取标粗棚中的水进行淡化，每天淡化盐度不超过 2，淡化时间不超过 10 天，淡化至盐度 4～5，即可进行标粗。淡化过程中每天施用发酵好的菌制剂调节水质，防止前期饲料投喂过量导致的氨氮超标。

标粗棚与淡化池盐度基本一致，水温达到 22℃以上，用苗种运输泡沫箱 2 个，装水 20 厘米，投放虾苗 20 尾试水。试苗 24～36 小时，若死亡率＜10％，则打开排苗口自行排出标粗。标粗期间日饲喂 4 次，

白天间隔 5 小时饲喂，前 10 天饲喂粒径 0.1～0.3 毫米饲料，后 10 天饲喂粒径 0.3～0.5 毫米饲料。标粗时间不超过 20 天，虾苗规格达到 3～3.5 厘米、2 000尾/千克时，转入外塘养殖。

4. 露天池塘养殖

放苗前 7 天，选用聚维酮碘溶液（Ⅱ）等杀病菌和病毒效力强、对藻类等有益生物刺激小的消毒剂对外塘水体消毒，用药时间最好在傍晚或阴天，用药方法为兑水均匀泼洒。外塘水位控制在 0.6～0.8 米为宜。

消毒 2～3 天后，用有机酸等解毒剂对水体进行解毒。解毒 1 天后肥水培养饵料生物。肥水采用氨基酸肥水膏 0.5～1 千克/亩，少量多次使用。泼洒 EM 菌 0.5 千克/亩培育优势菌群，泼洒藻安生 0.5 千克/亩培育优势藻类，2 天后根据水色情况进行调整。

放苗前 1～2 天，用苗种运输泡沫箱装池塘水进行试苗，投放虾苗 20 尾/箱。试苗时间 24 小时，死亡率＜10％即可放苗。试水时泡沫箱露天遮阳放置。

放苗时间选择在 6 月中上旬 10:00 前或 18:00 后，早晨最低水温不得低于 20℃。投放虾苗前 3～5 小时需在池塘内做抗应激处理，全池泼洒维生素 C 钠粉、微量元素，补充乳酸菌等有益菌。

放苗后 10 天左右，虾以浮游生物为饵料，不可盲目投喂饲料，防止饲料在池塘发酵导致水质恶化。饲料选择正规厂家生产的全价配合饲料，日投饲率为虾体重的 3％～8％，日投喂 4 次，转肝期饲料拌护肝类免疫多维等，拌 3 天停 3 天。养殖中后期傍晚和早上投饲量占日投饲量的 70％。生产过程中应根据水温、天气、生理阶段、水质指标、料台吃料时间等因素按照“快减慢增”的原则进行控料。

料台应该放置在底质干净的吃料区域，避免放置在塘边有坡度的地方。每 2 亩放 1 个料台，料台投饵量为总投饵量的 2％，投饲 1～2 小时（养殖前期 1.5～2 小时、中后期 1～1.5 小时）后观察料台残饵情况，查看虾摄食情况、健康程度、成活率、粪便及底质情况。

养殖期间早、中、晚各巡塘 1 次，观察虾的蜕壳状况、活动及分布情况、摄食及饲料利用情况和水质状况；检查塘埂、设施是否完好，设备是否运行正常。养殖后期凌晨 3 点增加巡塘 1 次。每天例行检查的参数为温度、pH、溶解氧和透明度。总碱度、亚硝酸盐、氨氮、硫化氢等指标养殖前期 7 天检测 1 次，中后期 3～5 天检测 1 次。

养殖前期，每 10 天添加 5 厘米新水，随着水温的提高，水位逐渐调整至最高水位后根据池水蒸发等情况少量补水。在养殖过程中定期补充微量元素和钙，尤其是在养殖中后期的农历初一、十五前加强钙的补充。同时每隔 10～15 天交替泼洒 10～15 毫克/升的光合细菌、芽孢杆菌、乳酸菌、EM 菌等有益菌，需在使用消毒剂 3 天以后使用。底部过脏需用底质改良剂处理。

养殖前期晴天中午开增氧机 3～4 小时，中后期每天开机时间不少于 15 小时。阴雨、高温、池水透明度突然变大、用消毒剂或微生态制剂时适当增开增氧机。

5. 养殖结果

凡纳滨对虾养殖用水为盐碱渗水与黄河水调配使用。对虾达到商品规格（≥8 克/尾）后，用大眼地笼捕捞，捕大留小，分批上市。某公司设置 2 个池塘，分别为 7.7 亩、9.1 亩，亩投放虾苗 3 万尾，对虾总产量4 540千克，亩产 270.2 千克。

第五节 华北地区——河北唐山盐碱池塘凡纳滨对虾养殖

一、实例背景

河北省唐山市曹妃甸、丰南、乐亭和滦南等沿海县区盐碱低洼荒地受盐碱地土壤中 NaCl 和 Na_2CO_3 含量较多的影响，无法种植大多数的农业经济作物。附近水域水质的化学组成复杂，水体盐度集中在 2～6，与普通海水相比较，水体盐度低 10 倍左右，无法进行海水水产品养殖；和普通淡水养殖用水相比较，水体富含 Ca^{2+}、Mg^{2+}、K^{+}、Na^{+} 4 种阳离子和 CO_3^{2-}、HCO_3^{-}、Cl^{-}、SO_4^{2-} 4 种阴离子，有的离子含量高出几倍、几十倍甚至更高，并存在个别离子缺失、高盐度、高碱度、高硬度等问题，不适合多数淡水水产品种的养殖，目前，大多数盐碱地都处于半闲置状态。

凡纳滨对虾属广盐性虾类，是能够在盐碱地水体中养殖的水产动物，近年来在曹妃甸区和乐亭县盐碱水区域的养殖发展迅速。但是凡纳滨对虾在盐碱水养殖过程中，存在生长速度慢、产量较低等问题，致使凡纳滨对虾盐碱水养殖业的健康发展面临巨大隐患。

通过开展盐碱水池塘凡纳滨对虾养殖示范（图 4-5），进行生态和水质改良等方面的研究，建立生态化、集约化的盐碱水池塘养殖模式，在保护生态环境、提升盐碱地区土地资源开发和利用率的同时，变废为宝，带动渔业增效、渔民增收，引领唐山市盐碱水池塘养殖发展，让荒废的盐碱水池塘逐步变成当地渔民的“摇钱树”和唐山盐碱地地区的“宣传单”，进一步成为唐山沿海盐碱地区农业产业调结构、转方式的提速点，全面助力乡村振兴。

图 4-5　河北唐山盐碱池塘对虾养殖

二、养殖实例

（一）池塘设置

养殖示范点共有 6 口养殖池塘，每口池塘面积 10 亩，水深 1.7 米，附近水源充足，无污染，池底平坦，底质为泥沙，每个池塘均匀配备 2 台 3.0 叶轮式增氧机，进排水口用 80 目尼龙筛绢网套好，防止野生杂鱼进入和养殖对虾外逃。2019 年 3 月干塘曝晒 25 天后，清除淤泥并进行药物消毒。4 月 17 日池塘进水 40 厘米，使用含氯石灰（水产用）全池泼洒，4 月 19 日排干池塘，使用生石灰（100 千克/亩）化热浆后全池泼洒。

（二）养殖品种、模式、苗种规格和放养密度

盐碱水池塘养殖示范选择凡纳滨对虾精养模式，当池水水温稳定在 20℃以上后，5 月 17 日选择规格整齐、体色透明、体表光洁、反应敏捷、活力强、工厂化淡化池的盐度与放养池塘盐度一致的规格为80 000尾/千克的凡纳滨对虾苗种，傍晚投放，放苗密度50 000尾/亩。详情见表 4-6。

表 4-6 虾苗放养情况

池塘编号	投放时间	投放品种	投放规格（克/尾）	投放密度（尾/亩）
1#	2019 年 5 月 17 日	凡纳滨对虾	0.012 5	50 000
2#	2019 年 5 月 17 日	凡纳滨对虾	0.012 5	50 000
3#	2019 年 5 月 17 日	凡纳滨对虾	0.012 5	50 000
4#	2019 年 5 月 17 日	凡纳滨对虾	0.012 5	50 000
5#	2019 年 5 月 17 日	凡纳滨对虾	0.012 5	50 000
6#	2019 年 5 月 17 日	凡纳滨对虾	0.012 5	50 000

（三）水质改良调控

1. 盐度调节

凡纳滨对虾属广盐性虾类，盐度适应范围 1～72，根据示范点水质状况，无需进行盐度调节。

2. pH 调节

采用施有益菌（硝化细菌、酵母菌、乳酸菌等有益产酸菌）与适量施肥相结合的方法调控养殖水体 pH。肥水时选择酸性肥料并且要少量多次，使水体保持适当肥度，避免水体过肥引起浮游植物过度繁殖，光合作用过强，大量消耗水体中的 CO_2 而造成 pH 升高。

3. 硬度调节

采用化学和生物相结合的方法调节水体硬度。首先通过水质检测，了解分析水体富含 Ca^{2+}、Mg^{2+}、K^{+}、Na^{+} 4 种阳离子和 CO_3^{2-}、HCO_3^{-}、Cl^{-}、SO_4^{2-} 4 种阴离子，通过培养有益藻类，适当提高水体肥度，改善水体内循环，利用藻类的同化吸收调节水体硬度。

（四）饲料及投喂管理

5 月 2 日使用经充分发酵后的有机肥和微生物制剂肥水并培养基础饵料，有机肥为 60 千克/亩、尿素为 1 千克/亩、肥水灵等微生物制剂为 0.1 千克/亩。5 月 22 日开始适量投喂丰年虫和凡纳滨对虾专用配合饲料，5 月 27 日开始逐渐改为只投喂凡纳滨对虾专用配合饲料。每日投喂 4 次，日投喂量为池内存虾总重量 1%～2%，根据天气情况和饵料残留情况适当调整投喂量，6:00、11:00、17:00 和 21:00 各投喂 1 次，早晨、中午和傍晚投喂量分别为日投喂量的 30%，夜晚投喂量为日投喂量的 10%。每 10 天测量 1 次虾苗规格，及时调整投喂量。

（五）病害防治

养殖过程中要做好病害防控工作，选择经唐山市水产技术推广站检测不携带对虾白斑综合征病毒（WSSV）、对虾传染性皮下和造血组织坏死病毒（IHHNV）、对虾肝肠胞虫（EHP）、对虾急性肝胰腺坏死病（AHPND/EMS）病原、对虾虹彩病毒（SHIV）等5项特定病原的优质对虾苗种。从6月17日开始，每10天在饲料中添加维生素C钠粉（水产用）和黄芪多糖1次，添加量为饲料总重量的2%；每15天使用光合细菌等有益菌1次；每20天使用生石灰全池泼洒1次。

（六）养殖过程管理

4月29日，池塘进水90厘米，进水时使用60目的尼龙筛绢网过滤，5月2日使用经充分发酵后的有机肥和有益菌肥水，使水体呈褐色，透明度控制在35厘米，pH控制在8.3。5月20日开始，唐山市水产技术推广站每月定期检测水质1次，检测pH、溶解氧、盐度、电导率、总碱度、总硬度、Ca^{2+}、Mg^{2+}、K^{+}、Na^{+}、CO_3^{2-}、HCO_3^{-}、Cl^{-}、SO_4^{2-}、高锰酸盐指数、氨氮、亚硝酸盐氮、硝酸盐氮、总氮、活性磷酸盐、总磷等21项指标。5月26日开始，每10天加水1次，每次加水20厘米，6月15日养殖池水体加满。6月30日开始，每14天换水1次，换水量为池水总量的20%～25%，避免大排大灌，保持水质相对稳定。坚持每日巡池，检查养殖设备、饵料剩余量和水质变化，特别是水色和摄食情况，发现问题及时处理。

三、经济效益

2019年9月20日，示范点养殖的凡纳滨对虾全部出池，总产量18 900千克，亩均产量315千克，售价55元/千克。养殖总成本430 526元，总产值1 039 500元，总效益608 974元，亩均效益10 149.57元，详情见表4-7和表4-8。凡纳滨对虾盐碱水池塘的养殖示范将有效带动唐山市盐碱地的综合利用，让荒废的盐碱水池塘变废为宝，促进渔业增效、渔民增收，使之逐步变成当地老百姓的“摇钱树”。

表4-7 养殖情况统计

品种	总产量（千克）	亩产量（千克）	饲料用量（吨）	饵料系数
凡纳滨对虾	18 900	315	34.40	1.82

表 4-8　经济效益核算

成本		收益	
项目	金额（元）	项目	金额（元）
苗种	45 000	凡纳滨对虾	1 039 500
饲料	212 526		
投入品	21 000		
水电	20 000		
租塘	72 000		
人工	24 000		
自然和病害损失	36 000		
合计	430 526	合计	1 039 500

四、生态效益

唐山地区盐碱水资源丰富，盐碱水池塘养殖凡纳滨对虾不仅能够产生较好的经济效益，综合利用盐碱水还能起到改良盐碱地区土壤的作用。

五、社会效益

在盐碱地水源条件较好的地区开展凡纳滨对虾养殖，有效带动当地老百姓创业、就业以及零售业工作的全面开展，预计新增创业、就业和零售业岗位1 000多个，人均年收入可提高5 000元。盐碱水池塘养殖凡纳滨对虾不仅充分利用了闲置资源，更因地制宜地调整了唐山沿海盐碱地区渔业产业结构，成为唐山盐碱地区渔业产业供给侧结构性改革的提速点和“宣传单”，能够全面助力乡村振兴。

第六节　华北地区——河北唐山盐碱水大棚凡纳滨对虾养殖

一、实例背景

唐山地区盐碱水水质化学组成复杂，具有碱度和盐度“双高”的特点，相较普通海水和淡水养殖，大部分水产养殖对象都不适合在此开展养殖生产。唐山市辖区内有可利用盐碱荒地 11.18 万亩，在土地资源紧张、环保压力过大、水产养殖面积减少的大背景下，充分挖掘并合理利用盐碱地，研创出高产、高效的盐碱水养殖模式，是在保护生态环境、实现盐碱资源开发和利用最大化的同时，带动农民养殖致富的重要出路。

广盐性的凡纳滨对虾是一种适合盐碱地养殖的水产品种，从2014年开始，唐山丰南地区利用浅表层地下盐碱水开展大棚凡纳滨对虾养殖的模式（图4-6）逐渐兴起。由于受水源水质较差、苗种质量不稳、短期投入过高、土地流转困难等因素制约而发展较慢，但其模式相较传统池塘养殖及新兴的工厂化养殖模式更安全环保，对带动本区域及周边省市利用盐碱水进行养殖生产、变废为宝发挥了积极作用。

图4-6　河北唐山盐碱水大棚对虾养殖

二、实施地概况

唐山丰南区盐碱水大棚凡纳滨对虾养殖示范点，位于唐山市丰南区黑沿子镇，成立于2014年，企业占地50亩，固定投入180万元，现有钢架塑料大棚22座，配套罗茨鼓风机及水车式增氧机等养殖设施。养殖模式为利用浅表层地下盐碱水（10米）开展大棚凡纳滨对虾双茬养殖。

三、养殖实例

1. 池塘基本条件

每座24米×50米的钢架塑料大棚内设2口方形池塘，每口面积0.7亩，池塘沿岸铺防渗膜护坡，池底为泥底并设中央底排污口，有效蓄水深度1.2米，每口池塘配备功率不低于1千瓦的罗茨鼓风机通过底部纳米管增氧，池塘四角各配备1台水车式增氧机。

2. 水源水文情况

水源以浅表层地下盐碱水为主，盐度6左右，总碱度、总硬度及其他常规理化指标均符合养殖生产标准，水源经沉淀池沉淀过滤并经含氯消毒制剂消毒处理。

3. 苗种规格与放养

采用5期仔虾（P_5）直放模式，选择规格整齐、生长速度快、抗病力强，并经专业检测机构检测无对虾白斑综合征病毒（WSSV）、对虾传染性皮下和造血组织坏死病毒（IHHNV）、对虾肝肠胞虫（EHP）、对虾急性肝胰腺坏死病（EMS）病原和对虾虹彩病毒（SHIV）等5项特定病原的同批次优质对虾苗种，放苗前将苗种驯化至盐度和温度与棚内养殖水体基本相同，放养密度为150～200尾/米^2，苗种放养前，全池泼洒抗应激产品。

4. 水质调控技术

养殖全程以生物絮团技术调控水质，每周投一次人工扩培的芽孢杆菌、乳酸菌、EM菌等有益菌，同时施用生物底改产品改善池塘底质，以此保持水体菌相平衡，形成生物絮团，养殖后期定期向养殖水体补充钙、镁等矿物元素。

5. 饲料投喂技术

选择优质人工配合饲料，饲料粗蛋白含量不少于42%，养殖全程添加乳酸菌拌料投喂，每10天添加维生素C、免疫多糖1次。苗种放养初期，每日投喂3次，后期调整至每日4次，夜间不投喂，每7～10天停料1次。具体日投喂量视棚内水质情况而定，一般控制在池内对虾总重量的5%～10%，池内设置饵料台，饵料台投饵量为1%，以投喂40分钟后无残留为宜。

6. 病害防治技术

生物絮团技术是当前调控养殖水质的先进技术，水质十分稳定，养殖过程较少发生病害。

7. 养殖管理

放苗前15天，棚内池塘进水0.5米，生石灰化浆全池泼洒进行消毒处理，用量100千克/亩。3日后缓慢加注浅表层地下盐碱水至1.2米，养殖全程定期补水，无换水。坚持每日早、中、晚3次巡塘，重点观察水质变化及对虾摄食情况，检查养殖设施运转是否正常，并做好养殖记录。

四、经济效益

以养殖场2019年实际养殖情况为例，第一茬养殖为4月2日至6

月10日，重新规整池塘后第二茬养殖为7月20日至10月20日，双茬养殖全程未有病害发生，总产量74 800千克，单棚双茬平均产量3 400千克，平均售价44元/千克，全年总投入123.4万元，总产值329.12万元，总经济效益205.72万元，单棚经济效益9.35万元。结合生产记录及出池情况，汇总出养殖投入与收益表，详见表4-9。

表4-9 养殖投入与收益

成本		收益	
项目	金额（元）	项目	金额（元）
塘租	50 000	凡纳滨对虾	3 291 200
苗种	200 000		
饲料	500 000		
药品	88 000		
水电	96 000		
人工	200 000		
其他	100 000		
合计	1 234 000	合计	3 291 200

浅表层地下盐碱水大棚对虾双茬养殖模式的成功，辐射带动了唐山曹妃甸区和天津地区大面积盐碱地开展此模式养殖生产，进一步促进了当地及周边地区对虾养殖苗种、饲料、动保、加工、运输等各产业链条的发展。

五、生态效益

盐碱地盐碱水因其特有的水文条件，有效利用价值较低，盐碱地的治理和开发一直以来都是一大难题。利用浅表层地下盐碱水开展大棚凡纳滨对虾双茬养殖，不仅取得了显著的经济效益，还降低了周边养殖环境的盐碱含量，改善了盐碱地生产环境，大量盐碱地闲置资源变废为宝，实现了人与土地和谐发展。

六、社会效益

利用浅表层地下盐碱水开展大棚凡纳滨对虾双茬养殖，取得显著经济效益和生态效益的同时，充分挖掘了唐山沿海及周边地区盐碱地利用价值，扩大了盐碱地区渔业产业规模化、组织化、市场化发展规模，新兴了一批水产养殖企业，增加了当地创业、就业机会并提高了当地百姓收入，社会效益亦十分显著。

第七节 华北地区——河北唐山盐碱水大水面草鱼套养凡纳滨对虾生态养殖

一、实例背景

多年来，曹妃甸区通过合理利用盐碱水资源，研创出多种环保、高效的种养殖模式，现已形成 32 万亩稻田、10 万亩淡水养殖的盐碱地特色农业，使得曹妃甸区实现盐碱资源开发和利用最大化的同时，也促进了其农业产业结构转型升级，带动了当地农民致富。众多养殖模式中，利用盐碱水大水面开展草鱼套养凡纳滨对虾的生态养殖模式以其单位面积养殖成本低、技术要求不高等优点成为合理开发利用盐碱地的典型模式。

二、实施地概况

唐山盐碱水大水面草鱼套养凡纳滨对虾生态养殖模式示范点，位于唐山市曹妃甸区第十一农场落潮湾，总占地面积10 000亩，养殖面积8 000亩，主要养殖模式为大水面生态养殖，轮捕轮放，春放秋收。养殖品种包括草鱼、鲢、鳙、鲤、鲫、梭鱼、鲈和凡纳滨对虾，产品主要销售至北京、天津、河北、黑龙江、吉林、辽宁、山西、山东、内蒙古等地，鳙主要出口韩国。2010 年 10 月，鲤、鳙获得“农业部无公害产品”认证；2010 年 11 月，通过“第五批农业部水产健康养殖示范场”验收。

三、养殖实例

1. 池塘基本条件

以 2019 年利用4 500亩水库开展大水面草鱼套养凡纳滨对虾生态养殖模式为例，水库平均水深 1.8 米，不设置永久性建筑及投饵机等集约化养殖设施。

2. 水源水文情况

养殖用水以水库盐碱水为主，盐度6～9，pH 8.8～9.2，硬度及其他常规理化指标均符合养殖生产标准。

3. 苗种规格与放养

3月27日至3月30日，分批放养规格整齐、体质健康的草鱼苗种，苗种规格4尾/千克，放养密度为133尾/亩；5月4日至5月19日，分批放养规格整齐、生长速度快、抗病力强并经专业检测机构检测无对虾白斑综合征病毒（WSSV）、对虾传染性皮下和造血组织坏死病毒（IHHNV）、对虾肝肠胞虫（EHP）、对虾急性肝胰腺坏死病（EMS）病原和对虾虹彩病毒（SHIV）等5项特定病原的同批次优质凡纳滨对虾标粗苗种，放苗前将苗种驯化至盐度和温度与棚内养殖水体基本相同，放养规格80 000尾/千克，放养密度为11 000尾/亩。苗种放养前1小时，在放苗点四周泼洒抗应激产品。草鱼及凡纳滨对虾苗种放养情况详见表4-10。

表4-10　苗种放养情况

池塘编号	投放时间	投放品种	投放规格（克/尾）	投放密度（尾/亩）
东库	3月27日至3月30日	草鱼	250	133
	5月4日至5月19日	凡纳滨对虾	0.012 5	11 000

4. 水质调控技术

（1）水体消毒　苗种放养前10天，全池泼洒氯消毒制剂对养殖水体进行消毒处理，用量为5千克/亩。

（2）肥水处理　苗种放养5天前的晴天上午，施用氨基酸肥水膏3千克/亩，小球藻藻种2千克/亩，透明度控制在20～30厘米。

（3）pH调节　苗种放养前3天傍晚，全池泼洒经人工扩培的乳酸菌、腐殖酸和酸性解毒制剂，调控养殖水体pH在8.4～8.6。

5. 饲料投喂技术

投饲管理遵循“四定”原则，沿岸分别设置固定的草鱼投饲点30处和凡纳滨对虾投饲点10处。草鱼日投喂量为存塘总重量的2%，每日7:00、10:30、13:30、16:30分4次投喂，饲料粗蛋白含量32%；凡纳滨对虾投喂量为存塘总重量的1%～2%，每日8:00、15:00分2

次投喂，饲料粗蛋白含量42%。整个养殖过程，每15天添加乳酸菌、维生素C钠粉（水产用）、黄芪多糖拌料投喂2天，以改善草鱼和对虾肠道并提高其免疫力。

6. 病害防治

本生态养殖模式因放养密度低，较少有病害发生。多年来养殖过程主要病害为3月底至4月底水温较低期间草鱼苗种因拉网、运输操作造成的伤口感染而发生的水霉病，具体预防措施为草鱼苗种放养前在运输水车内以盐度为3的盐水浸泡10分钟，放苗后3天，使用五倍子末水溶液按每亩每米水深50毫升全池泼洒。如仍有水霉病发生，每亩每米水深用五倍子末水溶液100毫升全池泼洒，连用2天，1天后适度追肥。

7. 养殖管理

每年7月汛期期间，全池换水50%，其余时间以定期补水为主。坚持每日早、晚巡塘，安排专人利用快速检测试剂盒每日检测pH、溶解氧、氨氮和亚硝态氮等水质指标以指导养殖生产，按要求做好养殖管理记录。

四、经济效益

以示范点2019年养殖实际情况为例，8月初至10月中旬，草鱼成鱼陆续出池上市，规格为1.2千克/尾，总产量650吨，单产144.44千克/亩，平均出池价格9.6元/千克；8月底至9月底，凡纳滨对虾陆续出池上市，规格为60尾/千克，总产量150吨，单产33.33千克/亩，平均出池价格40元/千克。全年总养殖成本935.5万元，总产值1 224万元，总经济效益288.5万元，亩均经济效益641元。结合生产记录及出池情况，汇总出养殖情况统计表和养殖投入与收益表，详见表4-11、表4-12。

表4-11　养殖情况统计

池塘编号	投放品种	总产量（千克）	亩产量（千克）	饲料用量（吨）	饵料系数
东库	草鱼	650 000	144.44	780	1.56
	凡纳滨对虾	150 000	33.33	20	0.13

表 4-12　养殖投入与收益

成本		收益	
项目	金额（元）	项目	金额（元）
塘租	675 000	草鱼	6 240 000
苗种	3 240 000	凡纳滨对虾	6 000 000
饲料	3 420 000		
药品	900 000		
水电	120 000		
人工	900 000		
其他	100 000		
合计	9 355 000	合计	12 240 000

盐碱水大水面草鱼套养凡纳滨对虾生态养殖模式，可归属于低密度生态粗养，相较传统养殖模式，水质调控、病害防治管理技术要求不高，饲料及水电成本也较低，在低产的情况下经济效益仍十分可观，尤其适合盐碱地区大水面的开发利用，目前曹妃甸区1 000亩以上水面大多推广了这种养殖模式。

五、生态效益

盐碱水大水面草鱼套养凡纳滨对虾生态养殖模式不仅充分利用了闲置的盐碱水资源，随着汛期内陆入海口低盐度河水大量下渗，还降低了周边土壤的盐碱含量，改善了盐碱地农业生产环境。真正实现了在生态环保的前提下将集中成片盐碱水闲置资源变废为宝，生态效益明显。

六、社会效益

盐碱水大水面草鱼套养凡纳滨对虾生态养殖模式，取得显著经济效益和生态效益的同时，充分挖掘了唐山沿海及周边地区盐碱地利用价值，扩大了盐碱地区渔业产业规模化、组织化、市场化发展规模，新兴了一批水产养殖企业，增加了当地创业就业机会并提高了当地百姓收入，社会效益亦十分显著。

第八节 华北地区——河北唐山盐碱地稻田-池塘渔农综合利用

一、实例背景

唐山盐碱地稻田受土壤特性影响，洗田、灌田排放水多为盐碱水，长期直接排放，不仅浪费水资源，对生态环境也会造成一定程度的影响。但受稻田田埂设置、水稻种植及灌田沟渠和稻田水体浅、水质偏盐碱的影响，适合稻田养殖的淡水水产品种少之又少；与普通海水相比较，水体盐度只有其1/10，无法进行海水水产品养殖。

稻田-池塘渔农综合利用是一种以水稻种植为中心，以凡纳滨对虾、河蟹等适宜盐碱水养殖的水产品养殖为主导，产出高效、资源充分循环利用、环境友好的生态绿色农业种养模式。通过稻田种植水稻，沟渠、稻田养殖河蟹，洗田和灌田水汇集重复利用养殖凡纳滨对虾的综合种养模式，构建稻渔共生轮作互促系统，能够起到保障水稻稳产、促进水产品增产、充分利用资源、提高经济效益、显著减少农药和化肥施用量、改善盐碱地土质及保护生态环境的作用，有利于逐步构建“保粮增收、以渔促稻、提质增效”的稻田-沟渠-池塘综合种养利用模式，成为唐山农业产业调结构、转方式的提速点，夯实产业技术根基，全面助力乡村振兴。

二、实施地概况

养殖示范实施地点位于曹妃甸区第五农场。稻田洗田和灌田用水主要来自滦河水，盐碱地种植水稻，稻田和沟渠养殖河蟹，稻田洗盐排碱水（洗田和灌田用水）汇集到对虾养殖池，用于凡纳滨对虾养殖。示范点有稻田164亩，沟渠2个、面积2.25亩。沟渠分为灌水斗渠和排水斗渠，灌水斗渠和排水斗渠设在稻田的南北两头，灌水斗渠和排水斗渠分开。灌水斗渠开口5.3米，底宽1.5米，内边坡1∶12，设计水深1.2米，渠深1.7米，设计流量0.7米^3/秒，纵坡1/3 000；排水斗渠开口9米，底宽3.5米，内边坡1∶12，设计水深1.7米，渠深2米、设计流量3米^3/秒，纵坡1/5 000。稻田和沟渠外围埝埂上设置防逃墙。池塘2口，总面积12亩，每口养殖池塘面积6亩，在每口池塘中心位置设置1台增氧机。示范实施点详情见图4-7。

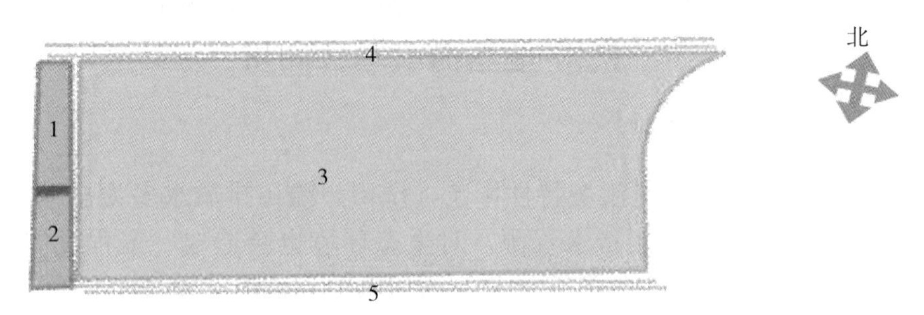

图4-7　稻田-沟渠-池塘盐碱水综合利用示范实施点稻田、沟渠和池塘分布图
1、2. 对虾池塘　3. 稻田　4、5. 沟渠

三、养殖实例

（一）水稻种植

1. 稻田设置

示范点稻田保水性强，地势平坦，灌水方便，水源充足。稻田面积64亩，2019年4月25—30日进行稻田深耕作业，深耕40厘米左右，并每亩施用30千克有机肥肥底。2019年5月2日进水泡田、洗田，水面漫过稻田5厘米。5月10日排出洗田水，汇集到凡纳滨对虾养殖池塘。5月12—15日，平整稻田并把整块稻田划分为50个田块，确保田块高度差不超过3厘米。

2. 水稻种植

5月20日开始插秧，选择叶片直立、展开、不交叉，秧苗粗壮且绿中透黄，苗达到三叶或三叶一心，株高10～12厘米的抗倒伏、抗病力强的盐丰47优质水稻苗种，水稻每个穴间隔10厘米，每亩插秧16 000穴，每穴3～5株苗。水稻种植采取“双行靠、边行密”的稀植栽培模式。“双行靠”是指窄行距20厘米、宽行距40厘米，其表现形式为20厘米-40厘米-20厘米；“边行密”是指在蟹沟两侧80厘米之内的插秧区，宽行中间加一行，即行间距全部为20厘米。

3. 种植过程管理

5月25日、6月10日、6月22日、7月10日各施N、P、K复合肥1次，第一次复合肥使用量为12.5千克/亩，后三次复合肥使用量20千克/亩；每月20日施尿素1次，根据水稻苗种生长情况，每亩施尿素 7.5～10 千克/亩。5 月 25 日开始，每月定期检测水质 1 次，检测 pH、溶解氧、盐度、电导率、总碱度、总硬度、Ca^{2+}、Mg^{2+}、K^{+}、Na^{+}、CO_3^{2-}、HCO_3^{-}、Cl^{-}、SO_4^{2-}、高锰酸盐指数、氨氮、亚硝酸盐氮、硝酸盐氮、总氮、活性磷酸盐、总磷等 21 项指标。5 月 30 日开始，稻田每 15 天排水 1 次，并同时进水补充稻田水源，排水量为稻田总水量的 50%，排放水汇集到凡纳滨对虾养殖池塘。每次换水后使用 0.1 克/米^{3}溴氯海因或用 15～20 克/米^{3}生石灰化浆泼洒消毒水质，1 周后使用生物制剂改良调节水质，但这一措施必须在晴天开展，连续阴雨天不能开展。在连续阴雨天、气压较低的情况下，泼洒增氧剂，增加水中溶解氧。坚持每日观察稻田水面高度，拔除杂草，不定期给稻田补充水源，确保 5 月 2 日至 6 月 9 日水面漫过稻田 10 厘米，6 月 10 日收获水稻水面漫过稻田 15 厘米。

（二）河蟹养殖

1. 防逃设施

3 月 5—10 日在稻田和进排水渠外围设置河蟹防逃墙，防逃墙材料采用塑料薄膜，每隔 50～60 厘米用竹竿做桩，将薄膜埋入土中 10～15 厘米，剩余部分高出地面 50 厘米以上，上端用尼龙绳做内衬连接竹竿，用铁丝将薄膜固定在竹桩上，然后将整个薄膜拉直，向内侧稍有倾斜，无褶无缝隙，拐角处成弧形，形成一道薄膜防逃墙。在进水渠进水口和排水渠排水口设置河蟹防逃网，防逃网由 5 目聚乙烯网片组成，防逃网高过水面 30 厘米。

2. 苗种投放

3 月 20 日选择选择活力强、肢体完整、规格整齐、不带病的规格 250 只/千克的河蟹苗种于傍晚投放，均匀投放到稻田进、排水渠和稻田内的沟渠，并在其内设置一定数量的隐蔽物。6 月 10 日，将 80%的河蟹放入稻田养殖，20%的河蟹继续在稻田进、排水渠和稻田内的沟渠中养殖。投苗量143 500只，投苗密度 875 只/亩，详情见表 4-13。

表 4-13　河蟹放养情况

放苗地点	投放时间	投放品种	投放规格（克/只）	投放密度（只/亩）
稻田进、排水渠和稻田内的沟渠	2019 年 3 月 20 日	河蟹	4	875

3. 饲料及投喂管理

6月2日开始每天投喂1次饲料：6月2日至7月30日以投喂粗蛋白含量在30%以上的全价配合饲料为主，搭配玉米、黄豆、豆粕等植物性饵料；7月31日至8月15日以玉米、黄豆、豆粕、水草等植物性饵料为主，搭配全价颗粒饲料，适当补充动物性饵料；8月16日至10月10日转入育肥的快速增重期，要多投喂动物性饲料和优质颗粒饲料，动物性饲料至少占50%，同时搭配投喂一些高粱、玉米等谷物。6月2日至8月9日投喂量约为估算河蟹总体重的5%，8月10日至10月10日投喂量约为估算河蟹总体重的8%。每10天用地笼捕捞河蟹并测量规格，及时调整投喂量，若发现投喂量远高于预期量且仍能吃净，则考虑是否有杂鱼，若有应及时清杂，防止饲料浪费。注意观察天气、水温、水质状况和河蟹摄食情况，灵活掌握投饵量。阴雨天、气压低、水中缺氧的情况下，尽量少投饵或不投饵。

4. 养殖过程管理

5月25日开始，唐山市水产技术推广站每月定期检测水质1次，检测pH、溶解氧、盐度、电导率、总碱度、总硬度、Ca^{2+}、Mg^{2+}、K^{+}、Na^{+}、CO_3^{2-}、HCO_3^{-}、Cl^{-}、SO_4^{2-}、高锰酸盐指数、氨氮、亚硝酸盐氮、硝酸盐氮、总氮、活性磷酸盐、总磷等21项指标。5月30日开始，稻田每15天排水1次，并同时进水补充稻田水源，排水量为稻田总水量的50%，排放水汇集到凡纳滨对虾养殖池塘。每次换水后使用15～20克/米^{3}生石灰化浆泼洒消毒水质，1周后使用生物制剂改良调节水质，但这一措施必须在晴天开展，连续阴雨天不能开展。在连续阴雨天、气压较低的情况下，可适时向水中泼洒增氧剂，增加水中溶氧。坚持每日巡塘，每天都要观察河蟹的活动情况，特别是高温闷热和阴雨天气，更要注意水质变化情况、河蟹摄食情况、有无死蟹、堤坝有无漏洞、防逃设施有无破损等，发现问题及时处理。

5. 特殊期管理

脱壳期做好以下管理工作：①每次脱壳前，要投喂含有脱壳素的配合饲料，力求蟹种脱壳同步，同时增加动物性饵料的投喂量，即动物性饵料投喂比例占投饵总量的50%以上，投喂的饵料要新鲜适口，投饵量要足，以避免争食软壳蟹。②在河蟹脱壳前5～7天，向稻田环沟内泼洒生石灰水5～10克/米^3，增加水中钙质。③脱壳期间，要保持水位稳定，一般不换水。④投饵区和脱壳区必须严格分开，严禁在脱壳区投放饵料。

（三）凡纳滨对虾养殖

1. 池塘设置

养殖示范点共有2个养殖池塘，每个池塘面积6亩，水深2.0米，养殖水源为稻田洗盐排碱水（洗田和灌田用水），池底平坦，底质为泥沙，每个池塘配备1台增氧机，进排水口用尼龙筛绢网套好，防止养殖河蟹和野生杂鱼进入以及养殖对虾外逃。2019年3月干塘曝晒25天后，清除淤泥并进行药物消毒。4月15日池塘进水40厘米，使用含氯石灰（水产用）全池泼洒，4月20日排干池塘，使用生石灰（100千克/亩）化热浆后全池泼洒。

2. 养殖模式、苗种规格和放养密度

盐碱水池塘养殖示范选择凡纳滨对虾精养模式，当池水水温稳定在20℃以上后，5月20日选择规格整齐、体色透明、体表光洁、反应敏捷、活力强、工厂化淡化池的盐度与放养池塘盐度一致的100 000尾/千克的凡纳滨对虾苗种于傍晚投放，放苗密度50 000尾/亩。详情见表4-14。

表4-14　虾苗放养情况

池塘编号	投放时间	投放品种	投放规格（克/尾）	投放密度（尾/亩）
1#	2019年5月20日	凡纳滨对虾	0.01	50 000
2#	2019年5月20日	凡纳滨对虾	0.01	50 000

3. 水质改良调控

（1）盐度调节　凡纳滨对虾属广盐性虾类，盐度适应范围1～72，根据示范点水质状况，无需进行盐度调节（唐山盐碱地区均无需进行盐度调节）。

（2）pH调节　采用施微生物（硝化细菌、酵母菌、乳酸菌等有益产酸菌）制剂与适量施肥相结合的方法调控养殖水体pH。肥水时选择酸性肥料并且要少量多次，使水体保持适当肥度，避免水体过肥引起浮游植物过度繁殖，光合作用过强，大量消耗水体中的CO_2而造成pH升高。

（3）硬度调节　采用化学和生物相结合的方法调节水体硬度。首先

通过水质检测，了解分析水体富含 Ca^{2+}、Mg^{2+}、K^{+}、Na^{+}、CO_3^{2-}、HCO_3^{-}、Cl^{-}、SO_4^{2-}，通过培养有益藻类，适当提高水体肥度，改善水体内循环，利用藻类的同化吸收调节水体硬度。

4. 饲料及投喂管理

5 月 3 日使用经充分发酵后的有机肥和微生物制剂肥水并培养基础饵料，有机肥为 60 千克/亩、尿素为 0.8 千克/亩、肥水微生物制剂为 0.11 千克/亩。5 月 25 日开始适量投喂丰年虫和凡纳滨对虾专用配合饲料，5 月 30 日开始逐渐改为只投喂凡纳滨对虾专用配合饲料。每日投喂 4 次，日投喂量为池内存虾总重量 1%～2%，根据天气情况和饵料残留情况适当调整投喂量，6:00、11:00、17:00 和 21:00 各投喂 1 次，早晨、中午和傍晚投喂量分别为日投喂量的 30%，夜晚投喂量为日投喂量的 10%。每 10 天测量 1 次虾苗规格，及时调整投喂量。

5. 病害防治

养殖过程中要做好病害防控工作，选择经唐山市水产技术推广站检测不携带对虾白斑综合征病毒（WSSV）、对虾传染性皮下和造血组织坏死病毒（IHHNV）、对虾肝肠胞虫（EHP）、对虾急性肝胰腺坏死病（AHPND/EMS）病原、对虾虹彩病毒（SHIV）等 5 项特定病原的优质对虾苗种。从 6 月 20 日开始，每 10 天在饲料中添加维生素 C 钠粉（水产用）和黄芪多糖 1 次，添加量为饲料总重量的 2%；每 15 天使用光合细菌等有益菌 1 次；每 20 天使用生石灰全池泼洒 1 次。

6. 养殖过程管理

4 月 30 日，池塘进水 100 厘米，进水时使用 60 目的尼龙筛绢网过滤，5 月 3 日使用经充分发酵后的有机肥和微生物制剂肥水，使水体呈褐色，透明度控制在 35 厘米，pH 控制在 8.3。5 月 25 日开始，唐山市水产技术推广站每月定期检测水质 1 次，检测 pH、溶解氧、盐度、电导率、总碱度、总硬度、Ca^{2+}、Mg^{2+}、K^{+}、Na^{+}、CO_3^{2-}、HCO_3^{-}、Cl^{-}、SO_4^{2-}、高锰酸盐指数、氨氮、亚硝酸盐氮、硝酸盐氮、总氮、活性磷酸盐、总磷等 21 项指标。5 月 30 日开始，每 15 天加水 1 次，每次加水 30～40 厘米，6 月 15 日养殖池水体加满。6 月 30 日开始，每 15 天换水 1 次，换水量为池水总量的 20%～25%，避免大排大灌，保持水质相对稳定。坚持每日巡池，检查养殖设备、饵料剩余量和水质变化，特别是水色和摄食情况，发现问题及时处理。

四、经济效益

2019 年 10 月 15 日，示范点种植的水稻全部收获，总产量106 600千克，单产 650 千克/亩，售价 3.23 元/千克。种植总成本 262 318 元，总产值 344 318 元，总效益 82 000 元，单位面积效益 500 元/亩。10 月 10 日，养殖的河蟹全部收获，总产量 6 560 千克，单产 40 千克/亩，售价 30 元/千克。养殖总成本 82 000 元，总产值 196 800 元，总效益 114 800元，单位面积效益 700 元/亩。9 月 26 日，示范点养殖的凡纳滨对虾全部出池，总产量 3 000 千克，单产 250 千克/亩，售价 46 元/千克。养殖总成本 63 970 元，总产值 138 000 元，总效益 74 030 元，单位面积效益 6 169.17 元/亩。养殖情况统计详情见表 4-15，经济效益核算详情见表 4-16。稻田-池塘渔农综合利用的养殖示范，能够起到保障水稻稳产、促进水产品增产、充分利用资源、提高经济效益、促进渔业增效和渔民增收的作用，使盐碱地逐步变成当地老百姓的“摇钱树”。

表 4-15　养殖情况统计

品种	总产量（千克）	亩产量（千克）	饲料用量（吨）	饵料系数
河蟹	6 560	40	11.22	1.71
凡纳滨对虾	3 000	250	5.01	1.67

表 4-16　经济效益核算

	成本		收益	
	项目	金额（元）	项目	金额（元）
河蟹养殖	苗种	22 960	河蟹	196 800
	饲料	44 880		
	投入品	3 160		
	水电费	3 000		
	租塘	0		
	人工费	6 000		
	自然和病害损失	2 000		
	合计	82 000	合计	196 800

（续）

	成本		收益	
	项目	金额（元）	项目	金额（元）
凡纳滨对虾养殖	苗种	9 000	凡纳滨对虾	138 000
	饲料	26 970		
	投入品	2 000		
	水电费	3 000		
	租塘	12 000		
	人工费	9 000		
	自然和病害损失	2 000		
	合计	63 970	合计	138 000
水稻种植	苗种	66 000	水稻	344 318
	肥料	70 000		
	人工	89 000		
	机耕机收	21 320		
	水电	15 998		
	投入品			
	产品加工			
	合计	262 318	合计	344 318
	总计	408 288	总计	679 118

五、社会效益

唐山市盐碱地地区的老百姓收入普遍较低，在盐碱地水源条件较好的地区开展稻田-池塘渔农综合利用模式，既能解决洗田、灌田排放水的资源浪费问题，又能改良水质和盐碱地土壤土质，更能起到生态环保作用，有效带动当地老百姓创业、就业，预计新增创业、就业岗位1 000多个，人均收入可提高3 000元/年。稻田-池塘渔农综合利用是一种“保粮增收、以渔促稻、提质增效”的稻田-沟渠-池塘综合种养模式，能够成为唐山盐碱地地区农业产业调结构、转方式的提速点和“宣传单”，夯实产业技术根基，全面助力乡村振兴。

第九节 华北地区——河北沧州盐碱池塘罗非鱼养殖

一、实例背景

沧州盐碱水以氯化物类为主，盐度大都在10以下，适宜开展罗非鱼养殖，并且盐碱地养殖的罗非鱼肉质鲜美、无土腥味，深受市场欢迎，出售价格也比当地淡水养殖商品高80%以上。沧州市拥有盐碱土地456.59万亩，有价值但尚未开垦的以氯化物类为主的盐碱地有143万亩，在盐碱地区域开展罗非鱼养殖对促进当地盐碱荒地综合利用、养殖户增收具有重大意义。

二、实施地概况

河北中捷罗非鱼养殖基地拥有现代化地热大棚26座，育苗、良种选育车间4座，主要进行罗非鱼的选育和养殖工作。养殖区位于沧州东部，被万亩盐田环绕，特有的盐碱水质成就了罗非鱼的半咸水养殖。

三、养殖实例

利用盐碱水开展罗非鱼养殖在河北中捷具有较长的历史，随着绿色养殖概念的提出，养殖技术也由单纯的高产向产品优质、环境友好的方向发展。2019年利用14.5亩盐碱水开展罗非鱼养殖，养殖产量92.6吨，单产6 386千克/亩，销售收入114.82万元，养殖利润15.11万元，亩利润10 420元。

1. 养殖条件

养殖用水采用浅水井抽取地下水，养殖区被万亩盐田环绕，为典型氯化物类盐碱水质，盐度稳定在3～5，在整个养殖过程中无需再进行人为调节。pH一般情况下维持在8.2～8.6，夏季光照较强时可达到8.8～9.0。

2. 池塘条件

养殖池塘7口，总面积14.5亩，其中5口为1.3亩，2口为4亩，池塘深度2.2米，最大有效水深2米。养殖期间水深1.8～2米。水泥池底，塘砖护坡，排水口建设在池塘中间以便集污排水，进排水口用拦鱼网防护。1.3 亩池塘配 4 台水车式增氧机，4 亩池塘配 6 台。

3. 放养前的池塘准备

养殖池塘采用轮捕轮放形式，春季放养鱼种前排干塘水，用清塘机冲洗干净池底及边坡，不能留存砖瓦及阻碍排污的杂物，检查进排水管道及池塘设施，做好进排水口的防护。

4. 池塘消毒

5 月中下旬清塘。如时间允许，阳光曝晒 2 天以上；时间不允许时，则加入高盐卤水 30 厘米或机井水 30 厘米，泼洒含氯石灰（水产用）10 毫克/升，浸泡 12 小时以上。

5. 进水与施肥

放鱼种时池塘水深要达到 1 米以上。放鱼前 7～10 天使用复合肥 2.5 千克/亩（1 米水深）或使用氨基酸肥水素（膏）等生物肥料（使用量按照使用说明）进行基础饵料生物的培养，水体黄绿色或褐色，透明度达到 20～30 厘米即可。

6. 鱼种放养

养殖品种为吉富罗非鱼。放养规格为 100 克/尾的苗种，放养密度为5 000～8 000尾/亩。鱼种选择标准为体质健壮、无伤病、畸形率低、规格一致，严禁大小混杂、参差不齐。

7. 放养时间及要求

鱼种放养时选择晴爽、无风、无雾的天气。准备入塘水温要等于或高于原养殖池水温，最大温差不超过 3℃，入池时保持环境清静，在上风口把鱼箱放入水中倒出，严禁从高处摔、砸，避免鱼体受伤。鱼苗入池前要停食 48 小时。

8. 饲料投喂

饲料选择罗非鱼全价颗粒膨化饲料。根据鱼体大小、水温计算日投饵量，一般水温在 24℃以上时，日投饵占池存鱼重量的 2%～5%。按天气、水质和鱼吃食情况灵活掌握，晴天、水质好、鱼吃食旺盛可适当多投料；反之应少投料。投饵半小时后观察料台饲料剩余情况确定饲料增减。成鱼养殖每天投喂 3～4 次，每次投喂持续时间掌握在 30 分钟左右，以八分饱为宜。投喂时采取“慢-快-慢”和“少-多-少”的投饵方法，即每次投喂开始诱鱼时慢投、少投，待鱼集群后快投、多投，大部分鱼吃饱离群时慢投、少投。

9. 水质管理

保持水质肥、活、嫩、爽，每天定时排污。一般每 7～10 天换水 1 次，单次换水量在 20%左右。养殖期内，每 10～15 天泼洒含氯石灰（水产用）1 次，用量 1 毫克/升，防止鱼病发生。定时开启增氧机，时间为每天凌晨 4:00 至天亮，阴雨天气压低时凌晨 1:00 即开机，开机时间 12 小时以上。水深保持 1～2 米。关注天气、水色、水温的变化，pH、溶解氧、盐度、氨氮等指标每月需有 2 次连续 7 天的数据，具体监测时间可根据换水、天气情况临时掌握，在夏季应尤其关注水体 pH。

10. 日常管理

每日坚持早、中、晚 3 次巡塘，主要观察池鱼活动及吃食情况、鱼病和水质变化，发现异常情况，及时向技术人员反映，并采取相应措施。每 10 天测规格 1 次，根据鱼的生长情况，适时调整饲料粒径和日投饵量。坚持绿色生态养殖，不使用水产养殖禁用药。坚持做好池塘日志，记录池鱼吃食、鱼病、浮头、换水及用药等各方面情况，每 10 天总结 1 次，发现问题及时提出。

11. 病害防控

罗非鱼适应性强，病害不突出，发病情况较少。如遇倒池拉网造成的外伤感染，只需在保证温度的情况下利用盐田卤水提升盐度至 3～5，维持 1 周不换水即可。

12. 捕获

根据北方气候特点，5 月底放养的大规格苗种一般在 10 月中旬出池。

四、经济效益

2019 年 5 月 25 日 7 个池塘鱼种下塘，养殖面积 14.5 亩，放 11 万尾罗非鱼鱼种，规格 180 克/尾，平均放养密度7 580尾/亩（表 4-17）。

表 4-17　鱼种放养情况

池塘编号	养殖面积（亩）	投放时间	投苗量（尾）	投放规格（克/尾）	投放密度（尾/亩）
1#	1.3	5 月 25 日	9 776	180	7 520
2#	1.3	5 月 25 日	9 932	180	7 640

（续）

池塘编号	养殖面积（亩）	投放时间	投苗量（尾）	投放规格（克/尾）	投放密度（尾/亩）
3#	1.3	5月25日	10 114	180	7 780
4#	1.3	5月25日	9 958	180	7 660
5#	1.3	5月25日	9 620	180	7 400
6#	4	5月25日	30 400	180	7 600
7#	4	5月25日	29 840	180	7 460
合计	14.5		109 640		

10月中旬开始销售成鱼，养殖周期140天，成活率93.5%，平均规格0.9千克/尾，合计出池92.6吨（表4-18）。

表4-18　养殖情况统计

池塘编号	品种	总产量（千克）	亩产量（千克）	饲料用量（吨）	饵料系数
1#	吉富罗非鱼	8 276	6 366	12 160	1.47
2#	吉富罗非鱼	8 407	6 467	11 600	1.38
3#	吉富罗非鱼	8 560	6 585	12 150	1.42
4#	吉富罗非鱼	8 429	6 484	11 540	1.37
5#	吉富罗非鱼	8 145	6 265	11 970	1.47
6#	吉富罗非鱼	25 631	6 408	35 000	1.38
7#	吉富罗非鱼	25 160	6 290	34 210	1.36
合计		92 608		128 630	

销售单价12.4元/千克，收入114.83万元。养殖平均成本10.77元/千克，成本合计99.70万元（含折旧费），养殖利润15.13万元。投入产出比为1∶1.15（含折旧费）。详见表4-19。

表4-19　经济效益核算

成本		收益	
项目	金额（元）	项目	金额（元）
苗种	336 695	罗非鱼	1 148 339
饲料	424 303		
投入品	22 867		
水电	115 258		

（续）

成本		收益	
项目	金额（元）	项目	金额（元）
折旧	31 250		
人工	55 514		
销售	11 113		
总计	997 000	总计	1 148 339

由于罗非鱼属于广盐性鱼类，在盐碱水质中养殖不但不会对其生长速度和成活率造成影响，反而会提升鱼肉品质。在盐碱水质中养殖的罗非鱼肉质细嫩、无土腥味，为其销售赢得了更高的价格和更大的市场。

五、生态效益

通过开展水产养殖，对原有盐碱土地进行规划、开挖，建设标准化养殖池塘、车间，对养殖环境进行绿化、硬化、亮化，从而使荒漠的盐碱土地建设成为花园式养殖区，在利用盐碱土地进行养殖获得利润的同时，还美化了环境，为周边人民提供了休闲娱乐的场所。

六、社会效益

养殖企业面向社会招收养殖工，解决了辐射区域内部分人员的就业问题。公司的发展得到了当地政府的大力扶持，带动了当地水产养殖的快速发展。

第十节　华东地区——山东盐碱水中华绒螯蟹养殖

一、实例背景

山东盐碱水黄河口中华绒螯蟹（俗称大闸蟹，本节使用其俗名）养殖主要分布于山东省北部黄河入海口的东营市。由于黄河泥沙沉积不断形成新的土地资源，因此东营市土地资源较为丰富；黄河入海口为海河交汇处，自然环境优美，具有大闸蟹生长先天的自然优势，是东营市发展黄河口大闸蟹的重要基础。该区域属大陆性季风气候，雨热同季，四季分明；境内有黄河及30条排水河道，淡水资源相对丰富，且含有大量营养物质，水草丰茂、饵料丰富，为黄河口大闸蟹的栖息、繁殖、生长等提供了良好的条件，也是黄河口大闸蟹人工繁育亲蟹的来源地。

黄河口大闸蟹是黄河三角洲地区特有的名优水产品，品牌知名度和市场竞争力不断提升，先后荣获中国农产品地理标志、跻身“山东省十大渔业品牌”、蝉联“中国十大名蟹”，成功入选山东知名农产品区域公用品牌、2016 中国最具影响力水产品区域公用品牌。黄河口大闸蟹具有品相美观、品质优良、口感鲜美、营养丰富等特点，尤其是雌体肌肉中大部分必需氨基酸（EAA）、非必需氨基酸（NEAA）和总氨基酸（TAA）含量以及雄体肌肉中 18:3n-3（LNA）和 20:5n-3（EPA）含量较高，因此黄河口大闸蟹深受广大消费者青睐，产品销售覆盖华北、华东、东北地区，并获得出入境检测认证，出口新加坡、马来西亚等国家，赢得了社会各界的广泛好评和高度认可，这一地标性农产品具有很好的市场发展潜力。

该区域的土质一般以沙质土和沙壤土为主，盐碱含量较高，流动性强，易坍塌；水质类型以氯化物类为主，Ca^{2+} 偏低，水体对酸碱的缓冲能力较差，pH 偏高。因此在养殖池塘工程化构建工艺、生态养殖技术与模式等方面比一般淡水养殖要求更高。前些年主要存在养殖池塘中水草培育效果差、投喂饲料及投喂方式落后、水质调控困难、养殖环境恶化等问题，致使其生长速度慢、成活率低、商品规格偏小、养殖效益下降，直接影响了群众养殖积极性。

本实例通过采取优化养殖池塘工程化构建工艺、引进种植伊乐藻等耐低盐碱的水生植物、增加优质饲料投喂、重视养殖环境生态调控等技术措施，取得了养殖成功，实现了养殖规格、养殖产量和养殖效益上的较大突破，养殖面积不断加大，对当地大闸蟹养殖业发展起到了巨大的引领和推动作用。

二、实施地概况

本实例实施地东营市某农业科技有限公司，为山东省水产健康养殖示范场。该基地位于“中国大闸蟹之乡”的山东省东营市垦利区永安镇境内，具有完善的养殖池塘和进、排水设施与设备，黄河口大闸蟹池塘养殖面积1 800亩（图 4-8），并安装了水质在线监测系统等信息化平台，以提高智能管理水平。池塘的进水端采用土工布进行护坡，并将进水管加长，引入池塘内，预防进水时对池塘的冲刷和破坏。养殖水源为引入的黄河水。基地四周为农田，生态环境良好，没有对养殖环境构成威胁的污染源（包括工业“三废”、农业废弃物、医疗机构污水及废弃物、城市垃圾和生活污水等）。

图 4-8 山东盐碱水黄河口中华绒螯蟹养殖

三、养殖实例

1. 池塘要求

商品蟹养殖池塘每口 30 亩，池塘深 1.5 米，通过推挖池塘抬高地面，池塘坡比 1∶（2～3）；池塘内无环沟或台面，池底平坦；水深 0.6～0.8 厘米。

商品蟹收捕后，将池水排干，自然风干、翻耕、曝晒，直至第二年养殖季节开始。2 月至 3 月初，对池塘进行消毒，并加注适量黄河水，施基肥、移栽水草后，再放养大闸蟹扣蟹进行养殖。

2. 防逃设施

采用镀锌管竖直固定 40 丝聚乙烯塑料板；其地上部分高 50 厘米，地下埋入部分深 20 厘米或以上。

3. 种植要求

在养殖池塘底部移栽耐低盐度的伊乐藻等沉性水草，采取营养体（茎部）栽插方式，使水草在池塘底部成行排列。移栽前，先进行池塘消毒，然后加注适量黄河水（水深 10～15 厘米），再施用适量基肥（发酵粪肥、微生物肥料）；移栽时，先将伊乐藻剪切成长 20 厘米左右的茎段，每 5～10 个茎段扎成一束，并将其下端倾斜压入底泥 3～5 厘米，株（束）距 2 米左右，行距 3～5 米；待水草成活后，逐渐加深水位。由于盐碱地池塘底质营养和透气性均较差，水草活力和长势不如淡水池塘，因此水草移栽数量相对较多，一般每亩移栽 500 千克，栽种面积占池底的 20%左右。

4. 养殖模式与养殖品种

养殖模式为鱼蟹生态混养，以养殖黄河口大闸蟹为主，配养适量的鳜，以清除水体中的野杂鱼。

5. 苗种规格与放养

扣蟹放养时间一般在 3 月中旬；放养规格为 120 只/千克左右；扣蟹要求种质纯正、体质健壮、无病无伤、性腺未发育成熟；放养密度为每亩 1 200 只。鳜鱼种放养时间一般在 5 月中旬前后；放养规格为体长 3～5 厘米；放养密度为每亩 10 尾。

6. 水质改良调控

由于养殖水源主要是黄河水，因此加注新水的次数受当地引入黄河水次数的影响和限制较大，每年一般可加注新水 3～5 次，每次加注 30 厘米左右，以提高养殖水位，降低因土壤渗透作用等因素增加的养殖水体盐度。养殖过程中，应保持养殖水质清爽、水体透明度高，使池边浅水区可以观察大闸蟹摄食和残饵状况。每次开始蜕壳时，全池遍洒 1 次乳酸活性钙，以补充水体中的钙质，利于大闸蟹的蜕壳和生长，增强水体对酸碱的缓冲能力，避免水体 pH 大幅变化，危及大闸蟹的安全；每次蜕壳后，施用 1 次有机酸，以降解氨氮、重金属等毒素，降低 pH，改善养殖水体环境，同时还可为微生物的繁殖生长提供碳源。养殖中后期，每 10～15 天施用过硫酸氢钾复合物粉以及 EM 菌、光合细菌或乳酸菌等有益菌各 1 次。养殖过程中，应加强对水草的维护与管理，及时少量多次施用碳肥和钾肥，补充水草所需的碳元素和钾元素，起到护草壮根、提高水草活力与净水能力、防止水草疯长等作用；同时根据水深和水草长势，适时分割水草，并及时捞出衰老或死亡的水草，预防池塘底部缺氧和水体 pH 过高。

7. 饲料及投喂管理

主要投喂配合饲料、冰鲜鱼等，整个生产季节配合饲料投喂量占总投喂量的60%左右，冰鲜鱼约占40%。养殖前期和中期以投喂配合饲料为主，日投饲率0.5%～4%，根据大闸蟹不同发育阶段和养殖水温选择投喂不同营养、不同粒径的配合饲料；养殖后期以投喂冰鲜鱼和配合饲料为主，日投饲率5%～8%，应选择新鲜、无氧化、未腐烂、未变质的冰鲜鱼和高营养配合饲料，以满足大闸蟹育肥要求。每天投喂1次，将配合饲料和冰鲜鱼等全池均匀投撒。投喂量以2～3小时内大闸蟹吃完为宜，具体投喂量视天气、水温、水质、饲料种类、蜕壳、残饵及摄食等实际情况增减。

8. 防病措施

放养前，应彻底干塘、晒塘和消毒；严格控制带有青苔等有害丝状藻类的水草入池；积极预防和清除青苔等有害丝状藻类；每次蜕壳后，施用1次碘制剂，消毒池水，预防疾病发生。

9. 日常管理

坚持早晚巡塘，观察水色、水质和水位状况，水草生长情况，大闸蟹摄食与生长状况，以及防逃设施情况；适时施肥和分割水草，及时捞出衰老或死亡水草；下雨或加水时严防幼蟹顶水逃逸，及时注意防治鼠害。

10. 养殖结果

盐碱水黄河口大闸蟹池塘养殖收获情况详见表4-20。

表4-20　盐碱水黄河口大闸蟹池塘养殖情况统计

品种	总产量（千克）	亩产量（千克）	养殖成活率（%）	个体均重（克）	饲料用量（千克）	饲料系数
大闸蟹	3 150	105	56.08	156.02	832.95	3.97（配合饲料1.42、冰鲜鱼2.54）
鳜	132	4.4	60.00	733.33		

四、经济效益

本实例折合养殖亩产量109.4千克，其中大闸蟹105千克、鳜4.4千克；大闸蟹平均规格156.02克/只，鳜平均规格733.33克/尾。商品蟹和鳜平均售价分别以100元/千克和60元/千克计，亩产值达10 764元。扣蟹和鳜鱼种购入价分别以120元/千克和2元/尾计，亩饲料投入以1 900元计，每亩防逃设施折旧费以100元计，池塘租赁以600元/亩计，人员工资以1 000元/亩计，水电和机械折旧费以 200 元/亩计，药物和肥料以 500 元/亩计，水草费用以 500 元/亩计，亩总支出为6 020元。亩纯利润4 744元，投入产出比 1∶1.79。盐碱水黄河口大闸蟹池塘养殖直接经济效益情况详见表 4-21。

表 4-21 盐碱水黄河口大闸蟹池塘养殖直接经济效益核算

成本		收益	
项目	金额（元）	项目	金额（元）
扣蟹	36 000	大闸蟹	315 000
鳜鱼种	600	鳜	7 920
防逃设施	3 000		
水草费用	15 000		
药物肥料	15 000		
饲料费用	57 000		
人工费用	30 000		
水电费用	6 000		
池塘租金	18 000		
合计	180 600	合计	322 920

本实例对当地经济或者对水产养殖行业的影响较大，带动新开挖和改造黄河口大闸蟹养殖池塘数万亩，掀起了新一轮黄河口大闸蟹养殖高潮，极大地引领和推动了黄河口大闸蟹养殖业的绿色发展。大闸蟹的平均收获规格由 100 克以下提高到 150 克以上，亩产量由 50 千克以下提高到 100 千克以上，显著提升了黄河口大闸蟹的养殖规格、产量、质量和效益，形成了黄河口大闸蟹养殖新模式，但还有待进一步丰富和发展。

五、生态效益

本实例对实施地的盐碱水土治理改良效果显著。通过对养殖池塘工程化构建的优化，抬高了原来盐碱地面的高度，开挖的养殖池塘可作为雨水洗盐后的流入池或排盐池，使盐碱土地免受雨水的渗积，土壤降盐和生态改善效果显著，同时美化了盐碱地的生态环境。该基地已发展成为盐碱水域绿洲渔业。由于池水相比土地具有反射率小、吸收太阳辐射能大、热容量大等特点，连片池塘对局域气候有一定的调节和改善作用：连片的池水可降低和调节该区域的气温；池水蒸发可增加和调节空气湿度。因此本实例对当地生态环境改良和气候调节，具有重要的作用和意义。

六、社会效益

本实例产生的社会效益显著。增加就业岗位近50个，人均增收4万元以上。黄河口大闸蟹养殖业已成为新的产业增长点，有助于建设生态城镇，对乡村振兴战略的实施和美丽乡村建设均具有重要的示范带动作用。

黄河口大闸蟹产业因地制宜的大力发展，不仅提升了经济效益低下的乡村经济发展状况，更从经济结构到生产方式，有效地形成了“大水面、大绿地、大空间”的特色，带动了“大闸蟹＋旅游”产业的发展，有利于打造集旅游观光、休闲度假、科普教育于一体的农旅结合综合性产业基地，推动一二三产业融合发展，用黄河口大闸蟹的品牌效应释放产业升级的新活力。

第十一节　华东地区——盐碱池塘标准化鲫养殖

一、实例背景

上海地处长江口，海岸线长449千米，主要由长江中、上游大量泥沙在长江口淤积而成，盐碱滩涂904千米^2，约占全国滩涂面积的4.6%，是我国盐碱地的主要分布区域，其中崇明岛面积还以平均每年新围垦7千米^{2}以上的速度增加。此外，上海所属周边农场，如海丰农场（166.5千米^2）、上海农场（99千米^2）以及川东农场（39千米^2）也都位于沿海滩涂地区，为典型的滨海型盐碱地。在该地区的养殖过程中，养殖水体易受周边盐碱土壤影响成为盐碱水，对上海盐碱滩涂水产养殖的生产具有重大的影响。

异育银鲫生长快、市场需求旺盛、价格稳定、养殖效益高，是我国鲫养殖的主要品系，养殖规模和面积均不断扩大。然而近年来，由于养殖观念、养殖模式和养殖技术等方面的不足，异育银鲫养殖产业出现鲫生长缓慢、商品鱼规格偏小、低产或产量不稳定等问题，甚至出现暴发性病害，以及药残和食品安全问题，急需探索低碳集约养殖技术和高效生态养殖模式。

围绕健康、生态、高效原则，实施异育银鲫养殖标准化，将有效地提升养殖鲫的质量，保障养殖鲫的质量安全，符合现代渔业发展要求，在确保上海市民吃上安全卫生优质鲫的同时，经济效益也将得到大幅提高。

二、实施地概况

盐碱池塘标准化鲫养殖基地，位于江苏省大丰区上海农场内，拥有6.2万亩水产品养殖基地，是上海市所属最大的养殖场之一，年产水产品4万余吨，从2009年开始成片建设标准化水产养殖场，总规划占地面积4.2万亩，成塘面积3万亩，是上海市最大的标准化生态型水产品养殖区，至2012年底，已改造成功集中连片、整齐划一、进排水良好的标准化养殖场达2万余亩（图4-9）。该公司生产的水产品于2006年通过了“无公害产品”的认证。养殖基地在2010年4月获得了上海市水产养殖场食用水产品准出证，也通过了农业部健康养殖场示范场的评审和“无公害产地”认定。

图4-9　盐碱池塘标准化鲫养殖

三、养殖实例

1. 池塘要求

池塘均为壤土底质、长方形标准化池塘，面积33.3千米^2，塘深

3.0 米。试验前排干池水，冬天冻晒，清除杂物与过多淤泥。冻晒后注水，水深 2.5 米，pH 可达 8.8 以上，碳酸盐碱度 2.5～2.7 毫摩/升。每口塘配有 3 台 3.5 千瓦的增氧机和 2 台自动投饵机。

2. 鱼苗培育

鱼苗培育水质需符合 NY 5051 的要求，水源充足、清新、无污染、pH 7.0～8.8。

3. 清塘

（1）生石灰　水深约 1 米的鱼池进行带水清塘，每亩需用生石灰 100～150 千克；若采用排干池水的干法清塘，则每亩需生石灰 50～80 千克。生石灰化浆未冷却时即可立即全池泼洒。清塘后 15 天并试水 48 小时后，可放入鱼苗。生石灰除清塘消毒外，还能起到调节水质和施肥的作用，利多弊少。

（2）含氯石灰（水产用）　水深 1 米的鱼池，每亩约用含氯石灰（水产用）14 千克。如水深 5～10 厘米，需用 3～5 千克。将含氯石灰（水产用）加水溶化背风全池泼洒。如遇烈日，效果更佳。清塘后 5～7 天，可放鱼苗。

4. 放养时水环境要求

为保证鱼产品质量，各类鱼放养水环境应符合 GB 11607 标准中的各项规定。

5. 放养时间

（1）异育银鲫成鱼　放养时间一般在 11 月至翌年 4 月，放养时先放主养鱼，也可同时放养搭配的鲢、鳙鱼种。根据市场鱼种供应情况灵活掌握。

（2）鱼种培育　放养时间一般在 5 月，放养时同样先放主养鱼，等到鲢、鳙夏花上市时再放混养的鲢、鳙夏花。

6. 养殖模式

（1）异育银鲫成鱼　采用混养模式，配养比例为：异育银鲫 80%，即每亩放养鲫鱼种 2 000 尾左右；鲢、鳙 20%，即亩放鳙 30～40 尾、鲢 40～50 尾。

（2）异育银鲫鱼种　异育银鲫苗 80%，鲢、鳙苗 20%。即亩放异育银鲫苗10 000～12 000尾，鲢、鳙苗合计 400～500 尾。

7. 饲养管理

（1）池塘管理　早晚巡塘，观察鱼类摄食、活动及水质变化等情况，发现异常及时采取措施。

适时开增氧机，一般是在凌晨或日出前容易缺氧，所以在此之前1～2个小时就要开增氧机，如果有鱼浮头，要多开一段时间，直到解除浮头为止；晴天中午开机2个小时以上；阴天中午、雨后和傍晚不宜开机。

保证池面的清洁卫生，水面不得有塑料制品、破烂衣物、残饵、树叶、死鱼等垃圾；在日常管理中须留意水质情况，以便决定是否换水或消毒。

（2）饲料管理　公司的鱼产品在养殖的全程都使用质量符合NY 5072规定的品牌饲料，且根据不同的阶段选择不同的料型。

（3）饲料保存　根据标签内容要求，保存在适宜的库房中，投喂前要检查饲料是否过期，确保饲料质量。

（4）饲料投喂

①投喂量的确定　根据吃食鱼饲养尾数、鱼的平均尾重和投饲率计算：

日投饵量＝鱼的平均尾重×尾数×投饲率

投饲率根据鱼体大小、水温、溶解氧、饲料营养价值而定。

②投喂次数的确定　鱼苗每天投喂5～7次，成鱼每天投喂3～4次。

③投喂方法　投喂时要遵循定质、定量、定时、定点的“四定”投喂原则，同时要做到看天、看水、看鱼的“三看”原则。

a. 投喂前用秤准确称取每池所投喂的饵料重量并放于投饵机中，或放于池塘边准备手投。

b. 机器投喂时，操作人员不得离开投料现场；手投时操作人员站在池塘投料的固定位置，饵料要确保完全抛入鱼池中，并且要做到均匀抛撒，抛撒面积要根据鱼群密度而定，尽量抛撒于鱼群之中。

c. 投喂过程中要注意观察鱼吃食情况与活动情况。如饵料未投喂完而鱼群吃食不明显，则停止投喂，并在记录表上记录实际投喂量。如鱼连续出现此情况，则可考虑调整投饵量并检查鱼是否发生病变。

d. 投喂结束后，继续观察鱼活动情况，如果鱼群在10分钟内仍然不散，则投饵率过低。

e. 投喂结束后，在记录表上详细记录投饵量、饵料品种、水温、pH 等情况。

8. 成鱼捕捞

(1) 捕捞工具 鱼种在年底或第二年年初用拖网起捕，成鱼用罾网扳罾或拖网放水拉网起捕，不允许使用对鱼体有伤害的捕捞工具，以保证鱼种和成鱼的体形完整无损及对鱼体不造成伤害。

(2) 捕捞方式 人工拉网或动力拖网，实行捕大留小，保证养殖鱼上市规格整齐、鳞片完整、无机械损伤。

9. 病害防治

遵循预防为主、治疗为辅、防治结合的原则，不使用国家违禁药品，可使用推荐药品，使用时要求限量使用。泼洒药物或制造药饵，需认真按照 NY 5071 的规定执行。

10. 销售

由工作人员对产品进行检查和查看相关记录，对鱼产品进行综合质量评定。确保储运过程中不使用禁用药物。

四、经济效益

标准化鲫养殖极大地改善了渔业基础设施和生产条件，有效地提高了水产品产量和质量，由粗养模式提升为生态高效养殖模式，主养品种由普通异育银鲫转型为异育银鲫“中科 3 号”。鲫生态标准示范区的建设，在健康、高效水产养殖模式运作下，大力推广了水产良种和高效、生态、健康养殖模式及先进实用技术，提高了水产养殖经济效益。项目实施期间，平均每年建立鲫标准化生态养殖示范区3 257亩，平均亩产达 922 千克，较项目实施前的 750 千克提高了 22.9%；平均总产值 3 829万元，平均每亩产值 1.18 万元，较实施前每亩产值6 750元提升了 74.2%，经济效益显著（表 4-22）。

表 4-22 鲫标准化生态养殖示范养殖情况对比

项目	2017 年	2014 年	2011 年	项目实施前
面积（亩）	3 096	3 436	3 238	3 000
亩产（千克）	963	938	864	750

（续）

项目	2017 年	2014 年	2011 年	项目实施前
总产量（吨）	2 987.81	3 219.65	2 801.05	2 250
总产值（万元）	4 004	4 121	3 361	2 025

五、生态效益

盐碱地通过建池进行水产养殖，可以有效降低土壤中的盐碱度，之后将经过几年养殖的池塘重新复垦为农田，可以达到原位复耕的目的。标准化鲫养殖场位于低盐高碱地区，采取盐碱地渔农原位生态修复方法，将鱼塘原位复耕成农田，有效开拓了耕地面积，在创建良好生态环境的同时，使原荒废的盐碱地成为可耕种土地，体现了经济和生态的累积效应。目前，江苏大丰地区复耕面积为5 000亩，主要进行水稻种植。

六、社会效益

通过示范区的建设，水产养殖标准应用率大幅度提高，由于标准化生产技术的推广，特别是生态养殖模式及无公害投入品、病虫害综合防治技术的普及应用，不仅提升了水产养殖科技含量，增强了养殖户的质量安全意识，而且有效地改善了示范区的生态环境，保证了农产品的安全生产，并带动周边地区养殖户实行标准化生产，实施水产标准化生态健康养殖，有效改善和修复渔业生态环境，减少环境污染和资源浪费，促进渔业可持续发展，社会和生态效益突出。

在标准化生产示范区的示范引领作用下，在全公司推广水产养殖标准化生产，采取示范引导、分步推进的做法，积极探索培育不同层级的示范点，以点带面，扎实推进，全面实行“分片包干、责任到人”的渔技推广责任制，指导广大员工和养殖户结合实际情况，制定科学的养殖方案，确定优良主养品种，积极推广高效、生态、健康养殖技术。实行市场运作，企业化经营，自负盈亏，自我发展。通过“科技引路、示范带动”的运作方式，带动了周边地区养殖户实行标准化生产，水产养殖标准应用率大幅度提高，对促进上海地区鲫养殖的标准化示范、全面加强水产品安全质量监管、严格执行《水产品池塘养殖技术》标准、为上海“菜篮子”提供安全健康水产品、让市民食用100%放心的鲫发挥了重要作用。

第十二节 东北地区——耐盐碱鱼类大鳞鲃池塘养殖

我国东北西部地区有大量的低洼盐碱水域，主要分布在黑龙江省的大庆，吉林的白城、松原等地区，这些水体由于碱性强、pH 高、水生生物贫瘠、鱼类品种单一且数量较少，渔业生产一直处于很低的水平。近年来，虽然进行了部分盐碱水域的鱼类移殖试验，但均未达到理想的效果，尚没有特别适合盐碱水域人工增养殖的优质鱼类品种。为了加快我国盐碱水域的渔业开发利用，查阅大量的文献资料发现，大鳞鲃（*Luciobarbus capito*）是中亚地区的一个耐盐碱、生长快、肉质鲜美的大型经济鱼类，主要分布于里海南部和咸海水系，以及乌兹别克斯坦、伊朗和土耳其等的内陆河流。2003 年在农业部“948”项目的支持下，从乌兹别克斯坦引进了野生大鳞鲃，经过十几年的科技攻关，大鳞鲃在国内移殖和驯养成功。研究人员从繁殖生理、池塘养殖、饵料营养、鱼病防治和抗逆性能等方面研究，突破了盐碱水域池塘养殖存在的关键问题，在国际上首先实现了大鳞鲃的全人工繁育及规模化养殖。试验表明，大鳞鲃完全适合在我国多数中高盐碱水域养殖，可在盐度为 10、碱度 30 毫摩/升以下的水体中生存，是盐碱水域中较好的人工增养殖品种。目前，大鳞鲃在黑龙江、天津、河北、宁夏和新疆等 20 多个省份的低洼盐碱地区进行了苗种推广，已在全国形成产业化发展，取得了较好的经济、生态和社会效益。

一、大鳞鲃的养殖生物学

1. 人工繁殖

在哈尔滨地区池塘人工养殖条件下，大鳞鲃雄性 3^+ 龄、雌性 4^+ 龄有部分个体性腺成熟，5^+ 龄时群体的多数个体都可以发育成熟，繁殖性周期为 1 年产卵 1 次类型。人工合成激素 HCG、LRH-A_2 和 DOM 的混合制剂可促使成熟的大鳞鲃亲鱼自然产卵，水温 19～23℃时，药物的效应时间为 21～26 小时。大鳞鲃是产漂流性卵的鱼类，1.4～2.3 千克的雌性亲鱼产卵量为 8 万～14 万粒。

2. 池塘养殖

大鳞鲃的池塘放养密度：1 龄鱼为8 000～10 000尾/亩，体重可达到 50～100 克，窒息点为 0.180～0.525 毫克/升；2 龄鱼为1 500～

2 000尾/亩，体重可达到 250～600 克，窒息点为 0.292～0.589 毫克/升。由于大鳞鲃 1 龄鱼个体小，捕捞容易死亡，不宜采用与家鱼混养的模式；2 龄以上鱼种抢食能力不如鲤、鲫，只可以少量搭配放养一些鲢、鳙。大鳞鲃的生长速度在我国南方明显快于北方地区，商品鱼 0.5～1.0 千克上市，在黑龙江地区需饲养 3 年，天津地区需饲养 2 年。

3. 越冬成活

在黑龙江高寒地区进行了大鳞鲃的池塘越冬实验，发现在水深低于 2 米时成活率较低，只有 10%～20%，而在深水池塘越冬成活率可达到 95%以上，大鳞鲃可以在北方寒地池塘中越冬成活，但比东北土著鱼类抗寒性差一些。通过大量反复的生产对比实验，大鳞鲃室外安全越冬需要 2.5 米以上的水深，要求池塘保水性好，底层水温保持在 2℃以上，可避免东北地区越冬成活率不稳定的难题。

4. 盐碱耐受性

系统测定了大鳞鲃精子、胚胎、仔鱼、稚鱼、幼鱼和成鱼的盐碱耐受性，大鳞鲃精子的激烈运动时间在盐度 4 时为（48.91±1.43）秒，碱度 15.83 毫摩尔/升时为（39.71±3.25）秒；当盐度达到 8 以上时，精子活力将受到抑制。大鳞鲃的盐度、碱度交互的耐受上限为：胚胎盐度、碱度分别为 3.2、14.32 毫摩/升，仔鱼盐度、碱度分别为 5.1、14.32 毫摩/升，幼鱼盐度、碱度分别为 10、30 毫摩/升，鱼种适宜生长的盐碱浓度为盐度 2～6，碱度 10～15.85 毫摩/升。对 5 种幼鱼进行 96 小时急性盐度毒性对比试验，耐受能力顺序为鲫＞大鳞鲃＞松浦镜鲤＞草鱼＞鲢。

5. 肌肉营养

采用常规方法测定了大鳞鲃的肌肉营养成分，得出含肉率为 64.46%，其中粗蛋白 20.27%、粗脂肪 4.41%、水分 73.39%、灰分 0.96%、碳水化合物 0.97%，微量元素比值合理。肌肉中含有 17 种氨基酸，4 种鲜味氨基酸的总量为 27.47%；含有 16 种脂肪酸，饱和脂肪酸 8 种占 19.62%，不饱和脂肪酸 8 种，其中单不饱和脂肪酸 5 种占 74.16%，多不饱和脂肪酸 3 种占 6.22%，比较分析发现大鳞鲃的主要营养指标高于大多淡水经济鱼类。

二、鱼苗培育

1. 池塘的选择

选择面积 2～3 亩的鱼池，长方形、向阳为宜，注排水应方便，要求池坝牢固、池底平坦、池边无杂草。放养前排干池水晒晾3～5天，然后将生石灰加水化开后向池边、池中均匀泼洒消毒，亩用量80千克。清池后2～3天，根据池塘条件施适量的有机肥或熟鸡粪，并同时注水。在进水口处用筛绢网过滤，防止野生杂鱼混入，注水深度一般40～50厘米，施肥后4～5天鱼苗即可下塘培养。

2. 鱼苗的放养

鱼苗入塘前，先用洗脸盆取池水试养，如果能够正常生存12小时即可放鱼。放养时水温差应小于2℃，可不断少量加入池塘水调节。如果赶上大风天要在上风头放鱼，一般亩放养水花10万～15万尾，一次性放足，这样培育的乌仔、夏花规格整齐，成活率高。

3. 鱼苗的培育

鱼苗可采用泼洒豆浆和发塘料的方法来进行培育。鱼苗入池5～7天，每亩使用4千克黄豆磨成豆浆或3千克发塘料全池泼洒，每天早、中、晚共3次，池塘中浮游动物较多时可适量减少。鱼苗下塘后3～5天要注水，每次10～15厘米，这有利于天然饵料生物的增殖和鱼苗生长。每天早、晚要巡塘，注意观察水色和鱼苗活动情况，池水呈黄绿色、褐色较好，发现鱼苗缺氧浮头应立即注入新水，并随时将池边的蛙卵捞除。鱼苗下塘20～25天，全长达到2～2.5厘米时要及时分塘，转入鱼种培育池塘。

4. 养殖水体盐碱要求

试验测得大鳞鲃仔鱼的96小时耐盐碱能力：盐度小于5.1时对成活率无影响，达到100%；盐度7.2时影响较小，成活率可达70%～80%；大于9.2时则全部死亡。碱度小于14.32毫摩/升时，对成活率无影响，达到100%；大于24.44毫摩/升时则全部死亡。建议水体的盐度在5以下，碱度在15毫摩/升以下。

三、鱼种培育

1. 池塘的选择

鱼种池面积一般应在3～10亩，最好为东西向长方形池塘，这样的鱼池水面日照时间长，拉网操作较方便。放养鱼种前应用生石灰彻底消毒，方法与鱼苗池清塘相同。

2. 鱼种的放养

鱼种池的水深应在2.0～2.5米，水体要保持肥、活、嫩、爽，并根据季节的变化不断调节水质，排出池塘中的部分老水，再注入一些新水。当夏季水体的溶解氧降低时，一定要注意配备增氧设备和加强水质管理，保证夏季夜间水体溶解氧能够达到 3 毫克/升以上。鱼种在入池前，需用 2%～3%的盐水浸洗 3～5 分钟，水温差应小于 3℃。鱼种的放养密度要依据池塘面积、鱼体大小、水质条件和增氧设备等适当调节，建议每亩放养密度为：1 龄鱼种8 000～10 000尾，2 龄鱼种1 500～2 000尾，3 龄鱼 800～1 000尾。由于夏花鱼苗个体较小，抢食能力差，捕捞时容易死亡，不宜采用与家鱼混养的模式。1 龄以上鱼种虽然抗逆性较强，但由于抢食能力不如鲤、鲫，只可以少量混养一些鲢、鳙。

3. 鱼种的培育

当鱼种入池后及时进行人工颗粒饲料驯养，饲料中的蛋白质含量为：1 龄鱼种应在 36%，2 龄以上鱼种应在 32%以上。沉性、浮性饲料都可以。在池塘边搭设 1 个投饵台，每天投喂 3～4 次，每次投喂 30～40 分钟，投喂量为鱼体重的 8%～10%。日投饵量还应依据鱼生长情况、天气、水温、水质灵活掌握，主要视鱼群集中抢食强度而定，当大部分鱼离开投饵台时便停喂。

4. 养殖水体盐碱要求

实验测得，幼鱼在盐度 2～6 时体重增长速度最快，在碱度 10～15.85 毫摩/升时体重增长最快。当盐度大于 8，碱度大于 25.12 毫摩/升时体重增长明显低于淡水的生长速度。为了使大鳞鲃鱼种快速安全地生长，建议水体的盐度在 8 以下，碱度在 25 毫摩/升以下。

四、池塘越冬管理

1. 越冬池的选择

选择池底平坦、淤泥少、保水性良好的越冬池，面积 10～20 亩，向阳背风，注排水方便。东北寒地水深需在 2.5 米以上，保水性好，且有深水井补水。放鱼前 10 天用生石灰消毒，亩用量 80 千克。

2. 越冬管理

一般越冬池鱼的放养量为 0.5 千克/米^3，越冬期间要采取一定的补水、补氧措施。发现水位下降较多时，应及时补水。遇到“雪封泡”时，应采取破冰措施，使水体重新再结明冰。当冰面有积雪时，要随时进行清扫，增加冰的透光率。一旦水体缺氧可采取注水、充气等方法增氧。对于越冬池的堤坝、注排水口和闸门等处，要每日检查，发现有损坏或漏水之处，要及时处理。

五、哈尔滨地区大鳞鲃养殖案例

6 月 20 日至 10 月 20 日，在黑龙江水产研究所松浦试验场进行 1 龄鱼种的养殖，大鳞鲃乌仔放养密度10 000尾/亩，搭配同规格鲢、鳙共 600 尾，养殖期为 120 天，收获规格 43 克/尾，成活率为 86%，饵料系数 1.53，结果见表 4-23。

表 4-23 黑龙江哈尔滨示范区 1 龄大鳞鲃养殖示范

项目	大鳞鲃	套养	
		鲢	鳙
放养量（尾/亩）	10 000	300	300
放养规格（克/尾）	0.2	0.5	0.5
收获规格（克/尾）	43	94	98
成活率（%）	86	83	87
产量（千克/亩）	370	23	26

注：养殖面积 3 亩，水深 2.5 米。养殖期间，23:00 至翌日 3:00 开增氧机。

4 月 20 日至 10 月 20 日，进行 2 龄鱼的养殖，放养密度为2 000尾/亩，体重平均 40 克/尾，搭配同规格鲢、鳙共 80 尾，养殖时间为 180 天，收获时规格 380 克/尾，成活率为 98%，饵料系数 1.89，亩产量为 744.8 千克，结果见表 4-24。

表 4-24 黑龙江哈尔滨示范区 2 龄大鳞鲃养殖示范

项目	大鳞鲃	套养	
		鲢	鳙
放养量（尾/亩）	2 000	50	30
放养规格（克/尾）	40	89	95
收获规格（克/尾）	380	740	950
成活率（%）	98	92	95
产量（千克/亩）	744.8	34	27

注：养殖面积 5 亩，水深 3 米。养殖期间，23:00 至翌日 5:00 开增氧机。

六、经济、社会和生态效益

我国东北地区有大量的低洼盐碱水域，这些水体的渔业生产处于很低的水平，随着大鳞鲃的养殖推广，将会增加5%～10%面积的中高盐碱水体被渔业开发利用，若每亩可增收50元，预估将会有上亿元的经济效益。目前，大鳞鲃苗种已推广到黑龙江、天津、河北、北京和山东等20个省份，成为当地的优良养殖鱼类品种。耐盐碱鱼类大鳞鲃的开发利用，填补了我国在盐碱水域缺少优质经济鱼类品种的空白，取得了显著的经济、社会和生态效益。

第十三节　东北地区——盐碱地池塘-牧草渔农综合利用

一、实例背景

渔农综合生态种养模式是一种池塘养殖与农田种植相结合、互利互惠、多层次立体种养的生态农业系统，在该生态系统中，不同生物之间以营养为纽带进行物质循环和能量流动，既提高了生产利用效率，又达到了生态种养的目的。近年来，我国西北、华北、东北等的盐碱地区构建了“上粮下虾”“上农下鱼”等渔农利用模式，探索了渔农生态系统对盐碱地的改良和生态修复效果，为盐碱地区渔业可持续发展提供了新思路和新途径。东北地区拥有大量的低洼盐碱地，主要分布在黑龙江省的大庆市、齐齐哈尔市及吉林省的白城市等地区，盐碱水土的荒漠化，导致农业生产水平低下，严重制约着这些地区的经济发展。充分利用盐碱水资源发展渔业生产，并将盐碱从土壤运移至养殖池塘或养殖水域中，在增加渔业生产经济效益的同时，有效缓解土地次生盐碱化，通过渔农综合种养治理，有效改善盐碱地脆弱的生态环境，使无法耕作的低洼盐碱地得到利用，可实现经济、社会和生态效益的统一。

池塘-牧草渔农综合利用模式通过收集浸泡和冲洗盐碱地后的高盐碱水，开展耐盐碱鱼类的池塘生态养殖，在养殖过程中集成生物絮团水质调控技术、科学增氧技术、科学投喂技术、池塘底泥的修复与利用技术等；通过生物絮团改良池塘水质环境，消耗水体及盐碱地中的碱度，降低饲料投喂量；同时，利用改良后的低碱度、富营养水体进一步淋洗和灌溉高盐碱土壤，循环收集高盐碱水体到养殖池塘中，逐渐使不能耕种或耕种效果较差的盐碱土地得以高效开发利用，且提高了池塘生态养殖效率。该模式下盐碱地种植作物的产量明显提高，盐碱地土壤的总氮、硝态氮、亚硝态氮、氨态氮及有机质含量均明显提高，盐碱地土壤的碳酸根离子含量、总碱度及总盐度均明显降低。该模式在有效降低盐碱地土壤总碱度及总盐度的同时，有效增加了盐碱地土壤的肥力，提高了池塘养殖鱼类和盐碱地种植作物的产量，达到了对盐碱地生态修复的目的。

二、养殖实例

针对目前东北地区典型低洼盐碱地区的理化特点，在黑龙江省肇东市碳酸盐类盐碱地区进行了“洗盐降碱”池塘-牧草渔农实践。

1. 盐碱地布局与田间工程

选择尚待治理的碳酸盐类盐碱地，分别通过挖沟渠、垒堤坝的方式将其平均分为若干块，每块地面积为1亩。每块地的周边均为堤坝，堤坝高40厘米，宽度80厘米；堤坝外侧为沟渠，沟渠深度60～80厘米，宽度80厘米（图4-10）。

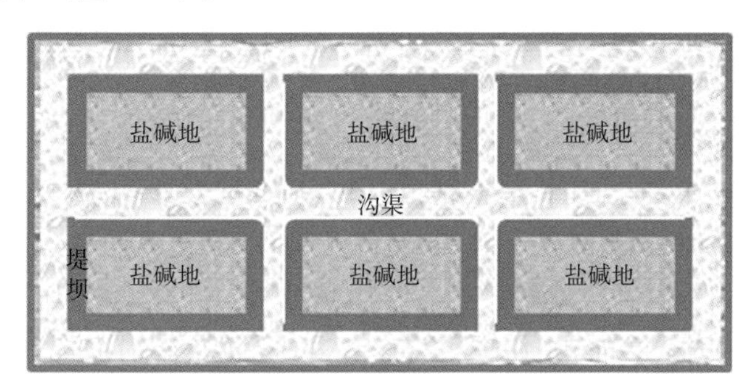

图4-10 盐碱地设置与布局模式图

2. 池塘条件

在盐碱地附近设置养殖池塘，池塘面积为1亩，每口池塘配备投饵机1台。池塘水源为利用地下水或河湖水浸泡和冲洗盐碱耕地后的高碱度水体。鱼种放养前7～10天，用含氯石灰消毒，用量为300～500克/亩。

3. 盐碱地的浸泡和冲洗

首先通过进水管将低盐碱深井水或河湖水输送至高盐碱土地进行浸泡和冲洗，浸泡时间为3小时，浸泡和冲洗1亩盐碱地的总水量以注满1～2亩养殖池塘为标准。浸泡和冲洗后的盐碱地用于种植牧草。

4. 池塘鱼种放养

选择规格整齐、体质健壮、体表完整、无畸形、无病无伤的耐盐碱大鳞鲃鱼种进行放养。放养模式为主养大鳞鲃，同时配养鲢、鳙，且大鳞鲃、鲢和鳙的放养生物量比为16∶3∶1。大鳞鲃放养规格为472克/

尾，放养密度为680尾/亩，放养时间为5月上旬。

5. 饲料投喂

投喂适合不同生长阶段的鲤人工配合饲料。饲料投喂坚持“四定”原则，即定点、定时、定质、定量。饲料投喂以八分饱为宜，即以不影响下一餐鱼类抢食能力为前提来掌握日投喂量，具体到每餐投喂时，有70%～80%的鱼离开即可停止投喂。日投喂量一般为鱼体重的2%～5%，并根据天气、水温、鱼体大小、摄食强度等合理进行调整。每日投喂3次。

6. 养殖管理

每口池塘配备功率为1千瓦的增氧机1台。养殖前期，根据鱼类活动情况及天气、水质情况适时开机增氧；养殖中期，每天午后及凌晨各开增氧机增氧1次，每次2～3小时，高温季节，每次增加1～2小时；养殖后期，根据水质情况适当增加增氧时间。在寄生虫暴发前期定期泼洒防虫药物，适时预防寄生虫病。

7. 水质调控

定期检测水质。当水体总氨氮浓度达到0.5毫克/升以上时，通过添加制糖工业副产品糖蜜对水质进行改善。糖蜜添加量A（千克）根据模型$A=H\times S\times(30\times C_{TAN\text{-}N}-19)/1\,000$计算，其中$H$为池塘水深（米），$S$为池塘面积（米^2），$C_{TAN\text{-}N}$为池塘初始总氨氮浓度（毫克/升）。添加时间为晴天上午，添加时开启增氧机。添加方式为全池均匀泼洒或池塘上风头泼洒。定期添加芽孢杆菌。

8. 循环淋洗

在池塘养殖过程的中后期，定期（7月20—25日、8月10—15日、8月30—9月4日）将富营养、低碱度的池塘养殖水分别抽注到相应盐碱地（每次的抽注水量为池塘总水体的1/3），进一步淋洗和浇灌盐碱地，淋洗和浇灌后的水进入沟渠，再次通过水泵和出水管返回到相应的养殖池塘，损失的水量通过地下水或河湖水进行补充。

9. 综合种养效果

在一个种养周期内，综合种养模式大鳞鲃的终末体重、特定生长率及增重率分别较传统池塘模式提高21.7%、33.3%和47.6%（表4-25）。同时，综合种养模式的大鳞鲃产量、总产量、大鳞鲃净产量和总净产量分别较传统池塘模式提高26.0%、17.5%、60.6和40.0%，而大鳞鲃的饲料系数和总饲料系数分别较传统池塘模式降低了 37.7％和 28.7％（表 4-26）。在整个综合种养过程中未使用任何杀菌消毒类药物，水质保持良好。

表 4-25　不同养殖模式池塘大鳞鲃的生长参数

养殖模式	初始体重（千克）	终末体重（千克）	特定生长率（％/天）	增重率（％）	成活率（％）
综合种养模式	0.472	1.045	0.64	1.21	100
传统池塘模式	0.472	0.859	0.48	0.82	100

表 4-26　不同养殖模式池塘鱼体产量及饲料系数

养殖模式	大鳞鲃产量（千克/亩）	总产量（千克/亩）	大鳞鲃净产量（千克/亩）	总净产量（千克/亩）	饲料系数	总饲料系数
综合种养模式	717.6	906.1	392.9	515.9	2.45	1.86
传统池塘模式	569.4	771.4	244.7	368.6	3.93	2.61

不同处理盐碱地种植牧草产量见图 4-11。与对照组相比，试验组牧草产量提高了 25.9％。

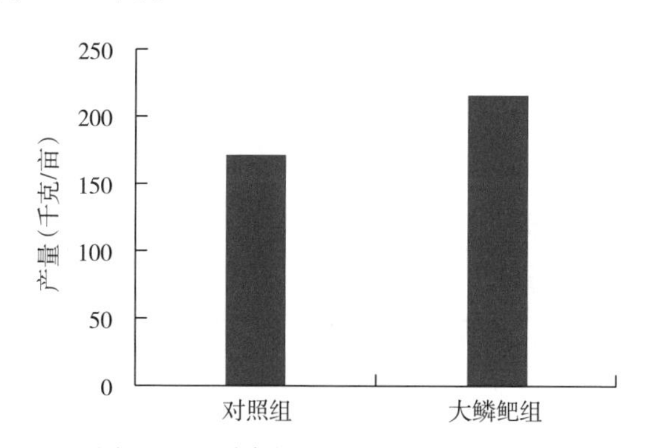

图 4-11　不同处理盐碱地种植牧草产量

10. 盐碱地土壤理化参数

对土壤的相关理化参数进行了测定，结果显示，与对照土壤相比，渔农综合种养模式盐碱土壤（0～40cm）的碳酸根离子含量（图 4-12）、总碱度（图 4-13）和总盐度（图 4-14）分别降低了 19.1％、12.5％和 24.7％；总氮（图 4-15）、硝态氮（图 4-16）、亚硝态氮（图 4-17）、氨态氮（图 4-18）和有机质（图 4-19）含量分别提高了 26.2％、9.5％、17.0％、41.9％和 30.3％。

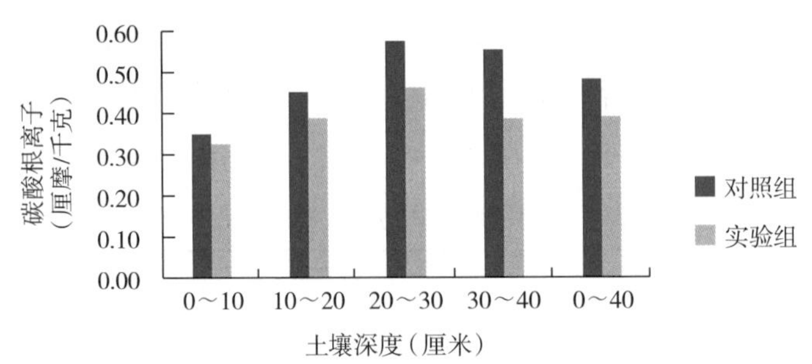

图 4-12　综合种养模式对盐碱地各层土壤碳酸根离子含量的影响

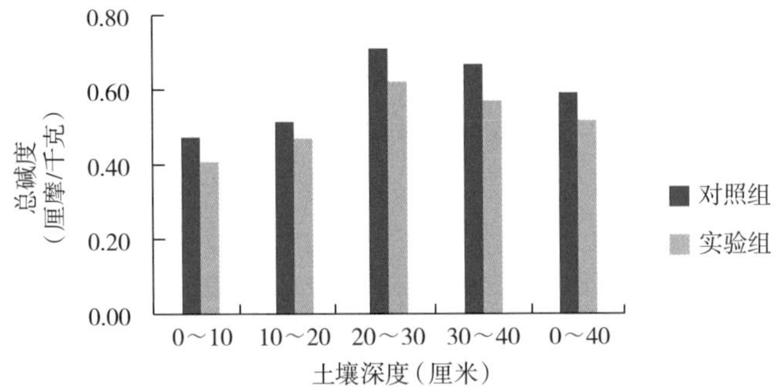

图 4-13　综合种养模式对盐碱地各层土壤总碱度的影响

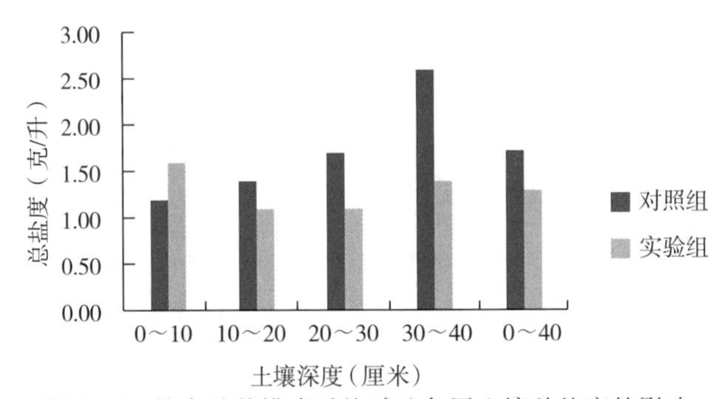

图 4-14　综合种养模式对盐碱地各层土壤总盐度的影响

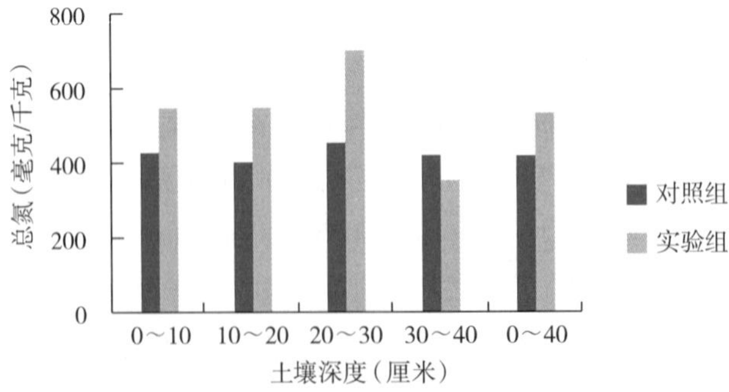

图 4-15　综合种养模式对盐碱地各层土壤总氮含量的影响

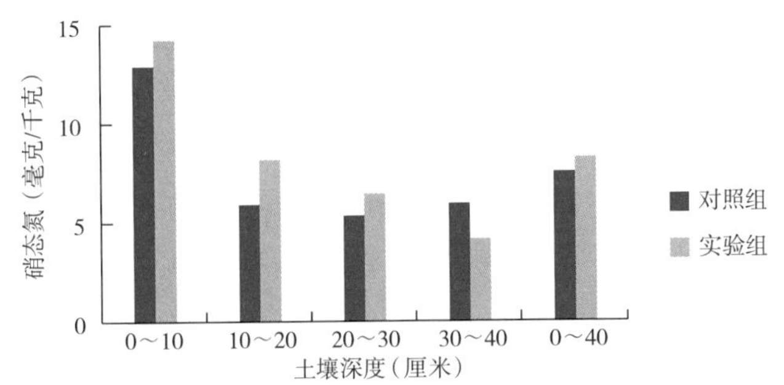

图 4-16 综合种养模式对盐碱地各层土壤硝态氮含量的影响

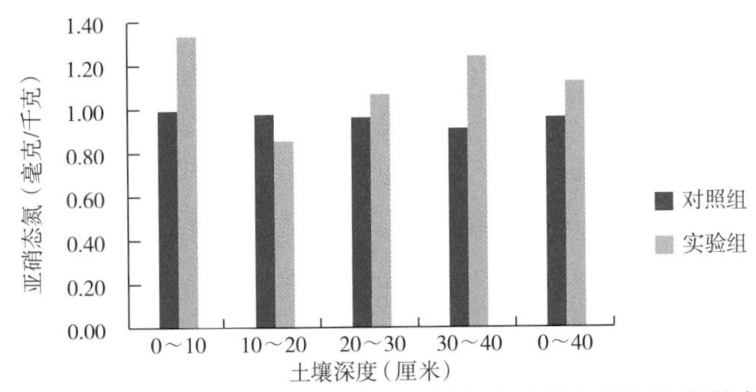

图 4-17 综合种养模式对盐碱地各层土壤亚硝态氮含量的影响

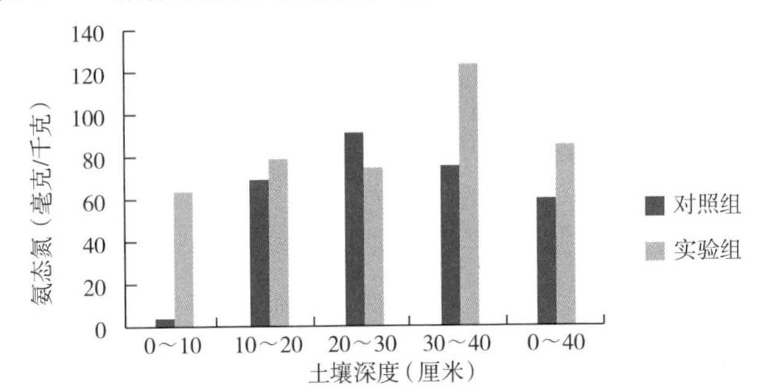

图 4-18 综合种养模式对盐碱地各层土壤氨态氮含量的影响

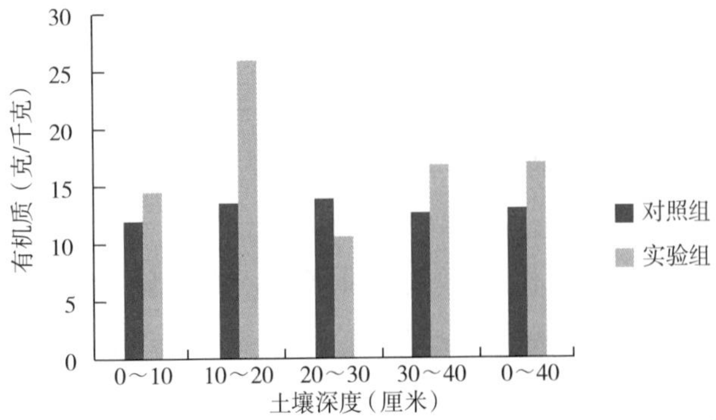

图 4-19 综合种养模式对盐碱地各层土壤有机质含量的影响

三、经济、生态和社会效益

（一）经济效益

在综合种养过程中，苗种和饲料成本占整体种养成本的 86.7%，本模式的池塘养殖效益为3 200元/亩，牧草种植效益为 80 元/亩，整体经济效益可达3 280元/亩（表 4-27）。

表 4-27　综合种养模式经济效益核算

	成本		收益	
	项目	金额（元/亩）	项目	金额（元/亩）
养殖	苗种	6 700	大鳞鲃	14 350
	饲料	4 140	鲢、鳙	1 300
	投入品	120		
	水电	700		
	租塘	200		
	人工	450		
	设备折旧	140		
	合计	12 450	合计	15 650
种植	苗种	20	牧草	150
	肥料			
	人工			
	机耕机收	50		
	水电			
	投入品			
	产品加工			
	合计	70	合计	150
	总计	12 520	总计	15 800

东北地区盐碱地总面积约为 7.91×10^6公顷，目前已被开垦利用的耕地面积为 3.27×10^6公顷，尚未被利用的面积 4.64×10^6公顷。随着渔农综合生态种养新技术、新模式的实施，将会新增 5%～10%的盐碱地区被开发利用，耐盐碱大鳞鲃的经济效益是大宗淡水鱼的 2～3 倍，若每亩增收约1 000元，将会产生数十亿元的经济效益，可极大带动农民增产增收。

（二）生态效益

该模式通过循环收集浸泡和冲洗盐碱地后的高盐碱水体，开展耐盐碱大鳞鲃的池塘生态养殖，在有效降低盐碱地土壤碳酸根离子含量、总碱度及总盐度的同时，有效增加了盐碱地土壤的肥力，实现了对盐碱地的生态修复。

（三）社会效益

通过“洗盐降碱”循环水渔农综合生态种养技术的示范与推广，可有效改善盐碱地区的生态环境，缓解周边土壤次生盐碱化，提高土壤总氮和有机质含量，增加土壤肥力，降低土壤总碱度和总盐度，使无法耕作的低洼盐碱地逐渐得到开发利用，是保障我国农业生产可持续发展的重要途径。盐碱地区大多是经济欠发达的偏远地区，充分利用盐碱地和盐碱水资源发展渔业生产，对有效改善农民生活水平、实现乡村振兴具有重要战略意义。

第十四节　东北地区——盐碱泡沼增养殖

一、盐碱泡沼的特点

黑龙江省盐碱地主要集中在西部地区，分布于大庆市、齐齐哈尔市的南部及绥化市西南部等 12 个市、县中，面积达1 746万亩，其中，耕地 350 万亩，草原近 900 万亩，湖泊沼泽等水域 500 多万亩。盐碱泡沼大多都是一些低洼易涝的水域，多数为若干不连续小泡子组成的泡子群，集中连片分布，地处江河、湖泊、水库、灌渠等附近低洼易涝沼泽地带，水深一般较浅，不超过 5 米，水体属于典型碳酸盐类盐碱水质。2019 年 10 月对大庆地区连环湖、鲶鱼沟等几个湖泊进行了水质测定，盐度为 0.2～0.74，总碱度 5.47～12.94 毫摩/升，pH 7.96～9.25，具有明显的高碱度、高 pH 的特点（表 4-28）。

表 4-28　盐碱泡沼水质特点

湖泊	盐度	pH	碳酸根离子（毫摩/升）	碳酸氢根离子（毫摩/升）	总碱度（毫摩/升）	硬度（毫克/升）
连环湖	0.2	7.96	0.36	6.97	7.33	72.06
鲶鱼沟	0.74	8.45	0.46	12.48	12.94	87.58
六河湖	0.53	8.71	2	6.83	8.83	77.57
乌裕尔湖	0.28	9.11	0.27	5.2	5.47	62.56
青花湖	0.58	9.25	0.24	7.23	7.46	97.09

二、水体碱度对鱼类的影响

在黑龙江省盐碱泡沼中，碱度是影响渔业生产的主要关键因子之一。我们将水环境碱度 3 毫摩/升作为内陆水域渔业生产性能高低的临界值，将鲢、鳙生存的危险碱度 10 毫摩/升作为内陆渔业物种生存的安全阈值。碱度超过 3 毫摩/升的水体渔业生产性能将下降；超过 10 毫摩/升，则将限制某些鱼类栖息。松嫩湖群水体碱度长期稳定在 3 毫摩/升以上，部分湖泊已接近甚至超过 10 毫摩/升。从 20 个主要渔业湖泊鱼类群落的土著种数与水环境碱度的相关性研究发现，二者存在着显著的直线相关性。

三、盐碱泡沼的增养殖对象

黑龙江省地处我国寒冷地区，具有冬长夏短、冬季严寒干燥、春季多大风、夏季降雨集中、秋季降温急剧等特点。盐碱泡沼每年有近半年时间处于冰封期，其冰下水温在 11 月至翌年 4 月处于 0～4℃的低温期。在黑龙江省的渔业生产中，5 月中上旬水温才能稳定在 10℃以上，一些温水性鲤科鱼类这时才能够摄食，而到了 9 月中下旬水温就会骤降到 10℃以下，这时大多数鱼类就停止摄食生长，每年鱼类的有效生长时间只有 130 天左右，需要忍受长达 240 天的饥饿和 150 天的低温冰下生存。因此，盐碱泡沼增养殖的种类需要具有耐盐碱、生长快、抗寒冷、抗逆性好的特点。目前，该地区盐碱泡沼的主要增养殖品种有：从我国南方移殖的鳙、鲢、草鱼、鲤、鲫、大银鱼、池沼公鱼、河蟹等，以及土著的名优鱼类鲤、鳜、翘嘴鲌、黄颡鱼等。

四、盐碱泡沼增养殖模式

黑龙江地区的盐碱泡沼大多是以增殖鳙为主的生态养殖，这是由于该地区的渔业生产中，鳙具有耐盐碱、生长快、易捕捞、价格高等明显的养殖优点。在以放养鳙为主的增养殖模式下，依据水域中的水草和野杂鱼的情况适当搭配放养一些草鱼、鲤，以及食肉性鱼类，如鳜、翘嘴鲌等。目前，主要采用池塘-泡沼接力式养殖模式：第一年在池塘中精养培育大规格鱼种，5 月中旬从南方购进鳙、草鱼、鲤等大宗淡水鱼类的水花和乌仔，当年生长到 0.1～0.2 千克，秋季 10 月捕出后，再放养到泡沼里自然生态养殖；在泡沼中培育 2 年后，当体重增长到 1.5～3.0 千克时进行捕捞。另外，还有一些湖泊从南方移殖了大银鱼和池沼公鱼等小型鱼类，在当地的水域中已形成了优势种，产生了较好的经济效益。这些小型鱼类对湖泊生态系统的长期影响尚无法估量，近年来有一些专家也提出了反对的意见。

五、盐碱泡沼水产养殖的几点注意事项

黑龙江地区的盐碱泡沼应放养大规格鱼种，以鳙为主要增殖对象，合理搭配草鱼、鲤和鳜等多品种混养。在放养到泡沼前，需用药物或盐水进行鱼体消毒，杀灭体表寄生虫和细菌，提高鱼种的成活率。

适时轮捕轮放，不定期从泡沼中起捕商品鱼上市出售，既可以利用水产品淡季市场获得较高的效益，又可为小规格的鱼种提供更为充足的空间和饵料。经常补水，保证泡沼正常的水位和水深，为鱼类提供足够的活动空间和索饵场所。

提高渔民法律意识，坚持合法生产、守法经营，严格执行持证生产制度，保障渔业生产秩序。规范渔业生产和捕捞行为，在禁渔期禁止捕捞，保护和合理利用渔业资源，维护正常的渔业生产秩序。

六、大庆市连环湖渔业实例

连环湖位于黑龙江省西部，在杜尔伯特蒙古族自治县境内，由 18 个湖泊相连，总面积 83 万亩，是黑龙江省最大的内陆盐碱湖泊之一。连环湖渔业养殖基地大水面生产的鳙、鲢、红鳍鲌、鳜获得地理绿色标识认证，水产品全部获绿色有机认证。该基地的生产水源是东北地区典型的碳酸盐类盐碱水体，盐度为 0.2，总碱度 7.33 毫摩/升，pH 7.96，渔业生产具有高碱度、高 pH 的特点。有精养池塘面积 400 余亩，大水面渔业生产面积 53 万亩。在养殖品种上，有适宜于低碱的鳙、鲢、草鱼等鱼类，还有适宜于高盐碱的大鳞鲃、鳜等鱼类，另外，还开展了湿地苇塘河蟹养殖。

2019 年依据湖区自然情况及鱼类摄食和生活习性，选择经济价值较高的鳙、大银鱼、鳜、鲤、草鱼为主要养殖鱼类，通过“苗种繁育基地＋湖湾育种场＋湖区”的渔业生产模式，5—6 月在苗种繁育基地利用池塘进行夏花培育，7—9 月将夏花投放到 1.8 万亩的湖湾育种场，

经半精养培育成大规格鱼种，10 月将鱼种投放到其他湖区进行商品鱼养殖。这种池塘-泡沼接力式渔业生产模式，苗种基地和湖湾育种场可通过精养-半精养方式增加单位面积的产量，当年见到效益，其他配套湖区也可将商品鱼的生长周期缩短 1 年。

鱼苗培育总面积 780 亩，生产 1.8～2.5 厘米鱼苗16 600万尾，使用大豆 48 吨（表 4-29）。鱼种养殖总面积18 000亩，生产尾重 0.1～0.2 千克秋片鱼种 1 300 吨，使用人工苗种饲料 2 500 吨（表 4-30）。56 万亩泡沼水域年生产商品鱼 3 150 吨（表 4-31）。

表 4-29　2019 年连环湖池塘鱼苗培育情况

养殖种类	池塘面积（亩）	放养规格	放养密度（万尾/亩）	出池鱼苗体长（厘米）	生产乌仔数量（万尾）	饲料总量（吨）
鳙	300	水花	30	1.8～2.5	8 000	20
鲤	200	水花	30	1.8～2.5	5 000	16
鳜	80	水花	2	1.8～2.5	100	
草鱼	100	水花	30	1.8～2.5	2 000	8
大鳞鲃	100	水花	20	1.8～2.5	1 500	4
合计	780				16 600	48

表 4-30　2019 年连环湖鱼种养殖情况

养殖种类	池塘面积（亩）	放养规格	放养密度（尾/亩）	出池规格（千克/尾）	养殖产量（吨）	饲料总量（吨）
鳙		夏花	500	0.1～0.2	750	
鲤	18 000	夏花	200	0.1～0.2	400	2 500
草鱼		夏花	100	0.1～0.2	150	
合计					1 300	

表 4-31　2019 年连环湖盐碱泡沼养殖情况

养殖种类	泡沼面积（万亩）	放养规格（千克/尾）	放养密度（尾/亩）	养殖时间	养成规格（千克/尾）	总产量（吨）	总产值（万元）
鳙		0.1～0.2	3	3 年	2.0～3.0	2 500	3 000
鲤	56	0.1～0.2	3	2 年	1.0～1.5	500	650
草鱼		0.1～0.2	2	3 年	1.5～2.0	150	150
合计						3 150	3 800

第十五节　盐碱水域增殖修复

一、青海湖概况

青海湖位于青藏高原东北部，为我国最大的内陆半咸水湖泊，其环境独特，是国际重要湿地保护区。青海湖裸鲤是湖中唯一的大型经济鱼类，也是湖区重要的生物因子和食鱼鸟类赖以生存的物质基础，在湖泊生态系统中发挥着核心作用。1964 年青海湖裸鲤被水产部列为国家重要和名贵水生经济动物；1979 年国务院发布的《水产资源繁殖保护条例》将其列入保护对象；2003 年被列为青海省重点保护水生野生动物；2004 年青海湖裸鲤列入中国物种红色名录（濒危）；2007 年青海湖被列为农业部青海湖裸鲤国家级水产种质资源保护区。

青海湖裸鲤耐寒、耐盐碱、杂食性，栖息于水体中下层，行溯河产卵。据青海省环境水文地质总站统计，20 世纪 50 年代湖区共有大小河流 128 条，随着气候干旱及人类活动的加剧，湖区大部分河流已干涸，剩下布哈河、黑马河、沙柳河和泉吉河等不足 10 条产卵河道。

青海湖裸鲤原始资源蕴藏量达 32 万吨，自 1958 年开发以来，由于管理不善，捕捞强度过大，资源量急剧下降，破坏了青海湖裸鲤群体的平衡，渔业捕捞量大大下降，个体趋小，再加上气候干旱、产卵场干涸、筑坝截流等原因，产卵群体数量严重不足，种群构成日益低龄化，资源急剧减少，严重影响到湖泊生态系统的良性循环。为此，青海省人民政府从 1982 年开始，先后 6 次对青海湖实施封湖育鱼：1982—1984 年，限产 4 000 吨；1986—1989 年，限产 2 000 吨；1994—2000 年，限产 700 吨；2001—2010 年，零捕捞；2011—2020 年，零捕捞；2021—2030 年，零捕捞。青海湖裸鲤资源保护，对保护我国特有鱼类种质资源、维护青藏地区生态平衡、促进湖区渔业资源可持续利用具有重要意义。

二、青海湖裸鲤增殖放流的意义

增殖放流是一项能快速补充生物群体数量、稳定物种种群结构、增加水生生物多样性的重要途径，对防止物种灭绝、保持生物多样性具有重要作用。开展青海湖裸鲤增殖放流是恢复与扩大青海湖裸鲤种群资源数量及再生能力的最佳途径。目前青海湖裸鲤的亲鱼捕捞、鱼卵采集、人工授精、人工孵化、鱼苗培育和人工放流等各个环节的技术都较成熟，对实现增殖和恢复青海湖的渔业资源具有重要意义。

三、恢复青海湖鱼类资源的可能性和手段

要恢复一个受到严重破坏的湖泊鱼类资源，其方法有 3 种：一是引进外来繁殖力高的优质鱼类，二是对该湖实行限捕、禁捕和严格保护产卵场，三是增殖放流该湖土著鱼类的鱼苗和鱼种。

20 世纪 60 年代之后，有人曾经试图向青海湖引进外来鱼类，先后引进鲤、鲫和鳙，但直接投入湖水中（暂养鱼缸）仅 4 小时即全部死亡；后来采用逐渐增加湖水比例的方法驯养过渡，也无法存活；随后引进海洋性鱼类梭鱼，梭鱼在淡水中能生存，在海水（盐度 35）中也能生存，又是耐寒品种，可是将其鱼种（来自天津）直接投入青海湖水中（暂养鱼缸）时，即有 50%死亡，后逐日均有发生死亡，30 天内全数死亡；后采用逐渐增加湖水比例的驯养方法，也只能存活 90 天；之后有人尝试从新疆福海移殖东方真鳊（*Abramis brama*），但其无法适应青海湖水，用驯养方法后，当湖水比例达 85%时全部死亡。可见用引进新品种的方法来增加青海湖鱼类资源的可能性几乎为零。

用禁捕、限捕和保护产卵场的方法来增加青海湖鱼类资源，由于裸鲤生长缓慢、繁殖力低等原因，青海湖鱼类资源的恢复缓慢。

近年来，利用人工工程措施，繁育裸鲤原种种苗，其受精率、孵化率、成活率均达 70%以上，依托青海湖裸鲤增殖放流站和青海湖裸鲤原种场，人工放流裸鲤种苗是加快恢复青海湖裸鲤资源的可靠手段。

四、青海湖裸鲤人工增殖放流实施情况

1. 增殖放流的设施与体系

青海湖裸鲤救护中心下属增殖放流站始建于 1997 年，地处海北州刚察县沙柳河畔，占地 30 亩，建设有工厂化鱼苗孵化车间、蓄水池、亲鱼暂养池和微循环流水鱼苗培育池3 000米^2，并配套其他附属设施，承担青海湖裸鲤资源救护和鱼苗孵化任务。

青海省海北州刚察县海拔3 300米，自然条件艰苦，属典型的高原大陆性气候，年日照时长3 037小时，昼夜温差大，年降水量 324.5～522.3 毫米。县境冬季寒冷，夏秋温凉，年平均气温－0.6～5.7℃，气

候环境相对恶劣。放流站成立初期，由于当地水温低，鱼苗孵化周期长，裸鲤病害频频发生，尤其以小瓜虫病、车轮虫病、斜管虫病为甚，导致不能开展大规模的孵化培育工作。经过长期摸索，利用提高或降低水温、控制和改善孵化条件设施等措施，2002 年孵化 336 万尾青海湖裸鲤水花，随着技术水平的提高，逐步掌控现有基础设施，目前年放流 1^+ 龄鱼种1 200万尾。

青海湖区气候异常，生态环境恶劣，为提高放流鱼苗的成活率，2004 年起，放流鱼苗在国家级青海湖裸鲤原种场内，由水花培育至 1^+ 龄鱼种。

近年来，通过对不同河道的裸鲤产卵群体做分子遗传学研究检测发现，青海湖裸鲤不同产卵河道的产卵繁殖群体之间有一定的分化。因此，增殖放流遵循的原则是在不同河道采集的鱼卵，分别孵化、培育，并在原河道放流入湖。

为恢复与提高青海湖裸鲤资源量、保证增殖放流生态安全，增殖放流所采集的亲鱼均为溯河产卵的亲本，苗种培育在国家级青海湖裸鲤原种场淡水池塘内，严格遵循渔业资源增殖放流科学管理制度，保证放流苗种种质的纯度。

2019 年青海省财政投资，在布哈河畔新建了青海湖裸鲤布哈河黑马河增殖实验站，2020 年投入试运行。

增殖放流工作全程接受社会的监督。在放流前，会邀请省级动物监督部门对放流苗种进行检疫，并查阅养殖用药记录、鱼病检查记录，出具检疫报告；每年委托农业农村部种质检测中心进行放流苗种种质检测，检查有无药物残留；通过报纸、电视等公开刊物、媒体公告放流活动内容，让更多有志于环境保护和关爱青海湖裸鲤的人们参加这项活动；由渔业行政、渔政执法、水产养殖、资源环保部门和群众代表，组成鉴证委员会，全面检查监督放流活动的全过程；请公证部门对放流鱼类的品种、数量、规格、质量出具公证书。

2. 增殖放流的规模

每年在沙柳河、泉吉河共采捕亲鱼约6 000尾，采卵1 700万粒，在孵化车间分批孵化后，运到西宁裸鲤原种场内进行培育，至翌年 6 月下旬鱼种规格达 10 厘米、10 克以上时，再运回沙柳河、泉吉河放流入湖。自 2002 年以来，已向青海湖增殖放流裸鲤原种种苗 1.77 亿尾，

2021 年放流规模2 085万尾。

3. 青海湖裸鲤增殖放流流程

青海湖裸鲤增殖放流流程见图 4-20。

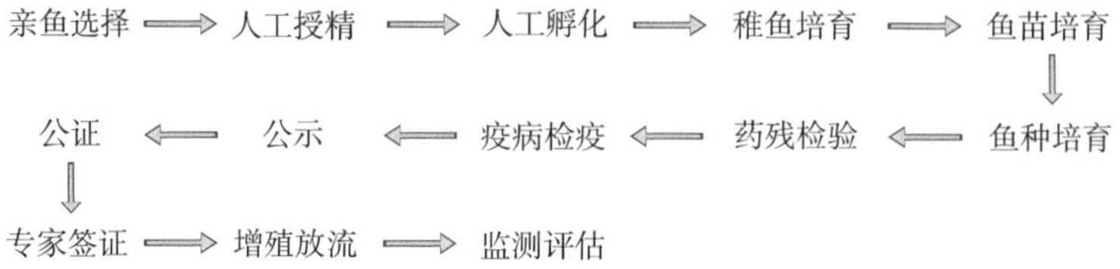

亲鱼选择 ⟹ 人工授精 ⟹ 人工孵化 ⟹ 稚鱼培育 ⟹ 鱼苗培育 ⇓ 鱼种培育 ⟸ 药残检验 ⟸ 疫病检疫 ⟸ 公示 ⟸ 公证 ⇓ 专家签证 ⟹ 增殖放流 ⟹ 监测评估

图 4-20　青海湖裸鲤增殖放流流程

4. 放流时间、地点、规模

因青海湖特殊的生境状况，经多年来的跟踪调查，为保证放流苗种成活率，放流时间宜选在每年的 6—8 月。放流地点选择离河口 10 千米以上河段，水面宽阔、河底平坦、水流较缓的区域。青海湖沙柳河流域选定在青海湖农场大坝下游 500 米处为放流点，青海湖泉吉河在泉吉大桥下游 300 米处放流。两个放流点距离河口均在 10～20 千米，宜于苗种对环境的适应和盐碱过渡的里程。

5. 运输

青海湖裸鲤的放流苗种需经过 2 次运输：第一次是从刚察放流站将乌仔运回西宁的原种场，进行 1^+ 龄鱼种培育，每个 70 厘米×40 厘米尼龙袋装 5 万尾，经 10 小时装运，成活率 98%。第二次是将放流苗种运回放流地点，有近 180 千米的车程，采用 8 吨活鱼水箱充纯氧高密度运输。起运前 2 天停食，并拉网 2～3 次，20:00 起网，密集暂养 4～5 小时，凌晨 4:00 起运，上午 8:00 抵达放流河道。因运输路途较远，裸鲤不易受高温，为防止箱内水温上升，故运输时间选在 5:00—8:00 为宜。活鱼水箱每一批次的运输数量为 50 万尾。

6. 青海湖裸鲤增殖放流情况

青海湖裸鲤自 2002 年放流以来，已放流 1.77 亿尾，放流规格由最初的水花，过渡到 1^+ 龄鱼种。历年增殖放流情况见表 4-32。

表 4-32　2002—2021 年青海湖裸鲤增殖放流情况

年度（年）	放流数量（万尾）	放流规格	放流时间
2002	336	水花（体长 1.2 厘米、体重 0.007 7 克）	8 月

（续）

年度（年）	放流数量（万尾）	放流规格	放流时间
2003	600	水花（体长 1.2 厘米、体重 0.007 7 克）	8 月 2 日
2004	570	体长 2.5 厘米	7—8 月
2005	600	体长 7.0 厘米、体重 3.0 克	8 月 6 日
2006	700	体长 7.5 厘米、体重 3.8 克	8 月 11 日
2007	600	体长 7.5 厘米、体重 3.5 克	7 月 28 日
2008	700	体长 7.5 厘米、体重 3.8 克	6 月 28 日至 8 月
2009	700	体长 7.5 厘米、体重 3.8 克	6—8 月
2010	700	体长 8 厘米、体重 5 克	6—8 月
2011	700	体长 8 厘米、体重 5 克	6—8 月
2012	700	体长 8 厘米、体重 5 克	6—8 月
2013	700	体长 8 厘米、体重 5 克	6—8 月
2014	750	体长 8 厘米、体重 5 克	6—8 月
2015	1 028	体长 8 厘米、体重 5 克	6—8 月
2016	1 100	体长 8 厘米、体重 5 克	6—8 月
2017	1 147	体长 8 厘米、体重 5 克	6—8 月
2018	1 160	体长 8 厘米、体重 5 克	6—8 月
2019	1 271	体长 10 厘米、体重 10 克以上	6—8 月
2020	1 650	体长 10 厘米、体重 10 克以上	6—8 月
2021	2 085	体长 10 厘米、体重 10 克以上	6—8 月
合计	17 797		

五、综合效益

青海湖裸鲤原始蕴藏量达 32 万吨；但 20 世纪 60 年代以来，由于生态环境恶化和过度捕捞等因素的影响，资源量急剧下降；90 年代末，其资源量不足 0.5 万吨，已不具开发能力。2002 年以来，水下声呐探测系统探测到青海湖裸鲤可捕资源量呈现明显的上升趋势；2021 年，资源量恢复到了 10.85 万吨。

目前，青海湖裸鲤的资源在逐步恢复，这与 2002 年以来开展的青海湖裸鲤增殖放流及其他保护措施是分不开的。据相关估算，增殖放流对裸鲤资源量回升的贡献率为 23%。增殖放流对青海湖裸鲤资源恢复、“鱼鸟共生”生态平衡、青海湖生态安全起到了重要作用。

附录

盐碱地水产养殖用水水质 (SC/T 9406—2012)

盐碱地养殖用水水质标准

参 考 文 献

边荣荣，孙兆军，李向辉，等，2016. 西北盐碱地改良利用技术研究现状及展望［J］. 宁夏工程技术，4：404-408.

曾现英，徐高峰，张新峰，2004. 北方盐碱洼地养殖南美白对虾试验［J］. 淡水渔业，5：34-35.

沈成钢，雷衍之，董双林，1985. 碳酸盐碱度对鱼类毒性作用的研究［J］. 水产学报，9（2）：171-183.

陈焕根，熊怀生，梅肖乐，2007. 无公害草鱼高效快速养殖技术［J］. 中国水产，7：26-27.

陈学洲，来琦芳，么宗利，等，2020. 盐碱水绿色养殖技术模式［J］. 中国水产，9：61-63.

陈智，赖秋明，2003. 南美白对虾高产高效养殖技术［J］. 渔业现代化，6：12-13.

河南郑州综合试验站，2010. 黄河鲤安全高效健康养殖技术［J］. 科学养鱼，11：42-43.

贾恢先，2003. 中国西北内陆盐渍化防治与可持续农业的研究（英文）［J］. 西北植物学报，6：1063-1068.

来琦芳，王慧，房文红，2005. 环境因子和生物自身因子对中国明对虾渗透浓度和离子浓度的影响［J］. 海洋渔业，3：213-219.

来琦芳，王慧，房文红，2007. 水环境中 K^+、Ca^{2+} 对中国明对虾幼虾生存的影响［J］. 生态学杂志，9：1359-1363.

赖秋明，2002. 南美白对虾高产养殖技术［J］. 水产科技情报，2：81-84.

雷晓萍，刘晓峰，2016. 宁夏银北地区盐碱地综合改良治理对策［J］. 中国工程咨询，8：53-55.

李永智，单风翔，2008. 土壤盐渍化危害及治理途径浅析［J］. 西部探矿工程，8：85-88.

林听听，么宗利，周凯等，2017. 混养模式对鲫生长、存活、免疫酶活性和水质的影响［J］. 水产学杂志，30（2）：1-7.

刘国锋，徐增洪，么宗利，等，2019. 冲水灌溉对西北硫酸盐型土壤中盐分离子变化的影响研究［J］. 干旱区资源与环境，33（3）：118-123.

刘彦斌，么宗利，李力，等，2015. 主养福瑞鲤盐碱池塘浮游动物群落种类组成和现存量［J］. 科学养鱼，2：52-53.

刘永新，方辉，来琦芳，等，2016. 我国盐碱水渔业现状与发展对策［J］. 中国工程科学，3：74-78.

刘宗进，崔荣珍，刘金平，2007. 南美白对虾淡化养殖的几个关键问题［J］. 渔业致富指南，1：32-33.

罗雪园，周宏飞，柴晨好，等，2017. 不同淋洗模式下干旱区盐渍土改良效果分析［J］. 水土保持学报，2：322-326.

苏发文，高鹏程，来琦芳，等，2016. 铜绿微囊藻和小球藻对水环境 pH 的影响［J］. 中国水产科学，6：1380-1388.

王慧，来琦芳，么宗利，等，2010. 盐碱地水产健康养殖百问百答［M］. 北京：中国农业出版社.

么宗利，衣晓飞，来琦芳，等，2018. 盐碱环境下鱼类氮排泄机制研究进展［J］. 海洋渔业，40（6）：740-751

王立斌，2008. 对虾养殖的研究进展与对养殖人员的教育意义［J］. 中国校外教育（理论），S1：197-198.

王丽娜，2009. 黄麻秸秆还田及施用有机肥对滨海盐土的改良试验［D］. 南京：南京林业大学.

王鹏山，张金龙，苏德荣，等，2012. 不同淋洗方式下滨海沙性盐渍土改良效果［J］. 水土保持学报，3：136-140.

王廷旺，2012. 南美白对虾常见异常现象应对［J］. 农村养殖技术，6：33.

王尊亲，1993. 中国盐渍土［M］. 北京：科学出版社：573.

杨劲松，2008. 中国盐渍土研究的发展历程与展望［J］. 土壤学报，5：837-845.

么宗利，李思发，李学军，等，2003. 尼罗罗非鱼和以色列红罗非鱼耐盐驯化初步报告［J］. 上海水产大学学报，12（2）：97-101.

么宗利，王慧，周凯，等，2010. 碳酸盐碱度和 pH 值对凡纳滨对虾仔虾存活率的影响［J］. 生态学杂志，5：945-950.

么宗利，王慧，2006. 罗非鱼咸水养殖研究进展［J］. 海洋渔业，3：251-256.

么宗利，周凯，罗璋，等，2011. 盐碱地养虾池塘养殖期间细菌组成分析［J］. 华中农业大学学报，2：225-228.

俞仁培，陈德明，1999. 我国盐渍土资源及其开发利用［J］. 土壤通报，4：15-16+34.

张荣芝，王学成，2005. 南美白对虾池塘养殖技巧［J］. 中国水产，11：41-42.

张树文，杨久春，李颖，等，2010. 1950s 中期以来东北地区盐碱地时空变化及成因分析［J］. 自然资源学报，25（3）：435-442.

张文革，王廷旺，2012. 南美白对虾常见异常现象诊治［J］. 渔业致富指南，21：57-59.

周凯，来琦芳，王慧，等，2007. Ca^{2+}、Mg^{2+} 对凡纳滨对虾仔虾生存的影响［J］. 海洋科学，7：4-7.

Fine M，Zilberg D，Cohen Z，et al.，1996. The effect of dietary protein level，water temperature and growth hormone administration on growth and metabolism in the common carp（*Cyprinus carpio*）［J］. Comp Biochem Phys A. 114（1）：35-42.

Kinraide T B，1999. Interactions among Ca^{2+}，Na^{+} and K^{+} in salinity toxicity：quantitative resolution of multiple toxic and ameliorative effects［J］. Journal of Experimental Botany，50（338）：1495-1505.

Letey J，Feng G L，2007. Dynamic versus steady-state approaches to evaluate irrigation management of saline waters［J］. Agricultural Water Management，91（1）：1-10.

McGraw W J，Davis D A，Teichert-Coddington D，et al.，2002. Acclimation of *Litopenaeus vannamei* postlarvae to low salinity：Influence of age，salinity endpoint，and rate of salinity reduction［J］. J World Aquacult Soc，33（1）：78-84.

Mermoud A, Tamini T D, Yacouba H, 2005. Impacts of different irrigation schedules on the water balance components of an onion crop in a semi-arid zone [J] . Agricultural Water Management, 77 (1): 282-295.

Roy L A, Davis D A, Saoud I P, et al. , 2007. Supplementation of potassium, magnesium and sodium chloride in practical diets for the Pacific white shrimp, *Litopenaeus vannamei* , reared in low salinity waters [J] . Aquacult Nutr, 13 (2): 104-113.

Sumner M E, Naidu R, 1998. Sodic soils: distribution, properties, management, and environmental consquences [M] . New York: Oxford University Press: 1-232.

Yao Z, Guo W, Lai Q, et al. , 2016. *Gymnocypris przewalskii* decreases cytosolic carbonic anhydrase expression to compensate for respiratory alkalosis and osmoregulation in the saline-alkaline lake Qinghai [J] . Journal of Comparative Physiology B, 186 (1): 83-95.

图书在版编目（CIP）数据

盐碱水绿色养殖技术模式/全国水产技术推广总站组编．—北京：中国农业出版社，2021.12（2023.10 重印）
（绿色水产养殖典型技术模式丛书）
ISBN 978-7-109-29031-0

Ⅰ.①盐…　Ⅱ.①全…　Ⅲ.①盐碱地—水环境—水产养殖—无污染技术　Ⅳ.①S96

中国版本图书馆 CIP 数据核字（2022）第 007876 号

中国农业出版社出版
地址：北京市朝阳区麦子店街 18 号楼
邮编：100125
策划编辑：武旭峰　王金环
责任编辑：王金环　蔺雅婷
版式设计：王　晨　　责任校对：沙凯霖
印刷：北京通州皇家印刷厂
版次：2021 年 12 月第 1 版
印次：2023 年 10 月北京第 2 次印刷
发行：新华书店北京发行所
开本：700mm×1000mm　1/16
印张：8　　插页：2
字数：180 字
定价：48.00 元

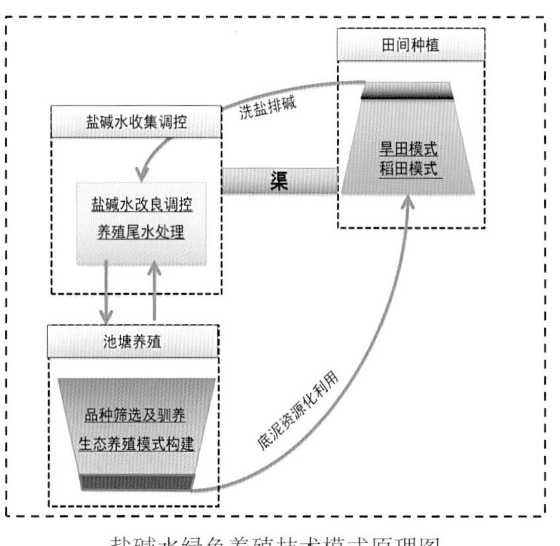

盐碱水绿色养殖技术模式原理图

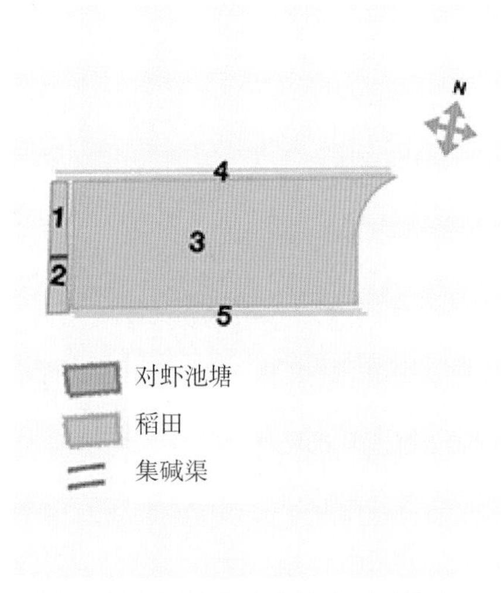

稻田-沟渠-池塘盐碱水综合利用模式图

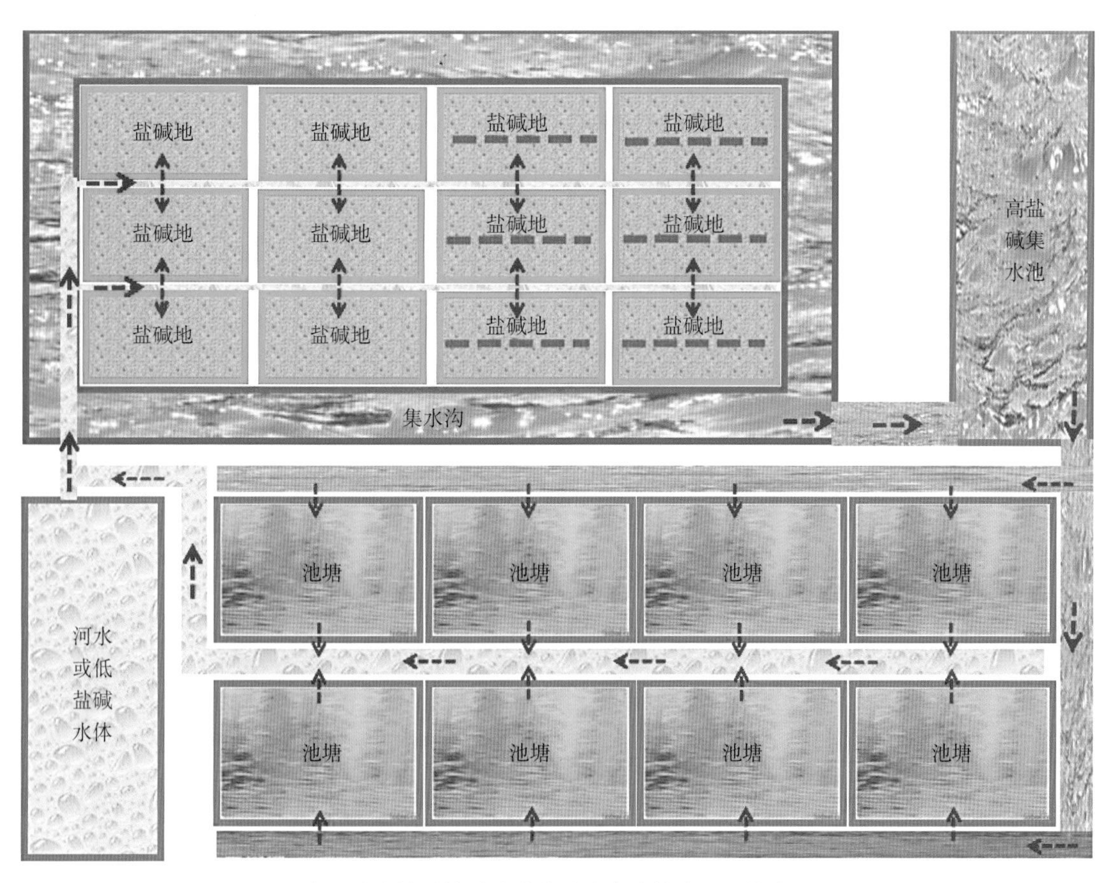

东北碳酸盐型盐碱地牧草池塘渔农综合利用模式图

盐碱池塘标准化鲫养殖

河北唐山盐碱水大棚对虾养殖

河北唐山盐碱池塘对虾养殖

宁夏棚塘接力盐碱水对虾养殖

宁夏盐碱池塘大宗淡水鱼养殖

甘肃次生盐碱地抬田-池塘渔农综合利用

河北唐山稻田-沟渠-池塘盐碱水综合利用

山东盐碱水中华绒螯蟹养殖

河北沧州罗非鱼养殖

盐碱水大鳞鲃养成

盐碱泡沼捕捞